DUMONT'S
HANDBUCH SIEBDRUCK

DUMONT'S HANDBUCH SIEBDRUCK
GESCHICHTE · TECHNIK · PRAXIS

BRAD FAINE

mit einem Vorwort von Peter Blake

DuMont Buchverlag Köln

Abbildungen der Umschlagrückseite:
Peter Blake, Babe Rainbow (ol)
Eduardo Paolozzi, Bash (or)
Joe Tilson, Sonnen-Unterschriften (ul)
RB Kitaj, Verdorbene Kunst, unbedeutende Arbeiten, Bd. VI (ur)
mit freundlicher Genehmigung der Künstler

Die Deutsche Bibliothek – CIP Einheitsaufnahme
DuMont's Handbuch Siebdruck: Geschichte, Technik, Praxis/Brad Faine.
Mit einem Vorw. von Peter Blake. [Aus dem Engl. übers. von Peter Gillhofer
und Barbara Müller.] – Köln: DuMont, 1991
Einheitssacht.: The new guide to screenprinting ‹dt.›
ISBN 3-7701-2653-X
NE Faine, Brad; EST

DuMont's Handbuch Siebdruck
Geschichte · Technik · Praxis

Aus dem Englischen übersetzt von Peter Gillhofer und Barbara Müller

Titel der englischen Originalausgabe:
The New Guide to Screenprinting
Copyright © 1989 Quarto Publishing PLC

© 1991 DuMont Buchverlag Köln
Alle deutschsprachigen Rechte vorbehalten
Nachdruck verboten

Satz: Fotosatz Froitzheim, Bonn
Druck: Leefung-Asco Printers Ltd, Hong Kong
Buchbinderische Verarbeitung: Regent Publishing Services Ltd, Hong Kong

Printed in Hong Kong

ISBN 3-7701-2653-X

Vorwort

Ein Druck ist in jedem Fall das Ergebnis einer Zusammenarbeit von Künstler und Drukker. Dies gilt besonders für den Siebdruck. Ich selbst habe erst ungefähr 25 Siebdrucke allein hergestellt, dazu einen Satz Radierungen (plus zwei oder drei Einzelarbeiten) und einen Satz Holzstiche. Zur Zeit arbeite ich in dieser Technik an einigen Bildern zu Dylan Thomas' Buch »Unter dem Milchwald«. Sie sollen als Illustrationen für die Ausgabe einer kleinen künstlerischen Edition dienen. Bei der Gestaltung eines Holzstichs ist der Künstler auf sich allein gestellt. Niemand kann ihm dabei helfen, die Druckstöcke zu schneiden. Ich habe mir diese Technik anhand von Büchern selbst beigebracht. Auch habe ich vor dreißig Jahren als Kunststudent ein oder zwei Vorlesungen darüber gehört. Obwohl Cliff White von den White Ink Studios die Druckarbeiten ganz wunderbar ausgeführt hat und Gordon mir bei der grafischen Gestaltung und der Mappe zur Hand gegangen war, hatte die Hauptarbeit dennoch bei mir gelegen.

Radierungen anzufertigen lernte ich in Paris bei Aldo Crommelynck, der weltweit als Meister auf diesem Gebiet gilt. Gemeinsam schufen wir eine hübsche Folge von neun Radierungen mit dem Titel »James Joyce in Paris«. Ohne Aldos Kunstfertigkeit wäre nie etwas daraus geworden, und die fertigen Drucke waren eine echte Gemeinschaftsproduktion.

Im Unterschied dazu sind alle meine Siebdrucke von einem Drukker geschaffen worden. Vorlage waren Bilder von mir – in den meisten Fällen Aquarelle. Meine Aufgabe bestand hauptsächlich darin, die Probedrucke zu beurteilen. Obwohl ich buchstäblich keine eigenen Drucke hergestellt habe, hatte ich das Glück, mit einigen Meistern des Siebdrucks zusammenzuarbeiten, und so konnte ich an einigen entscheidenden Stadien in der Entwicklung des britischen Siebdrucks aktiv teilnehmen. Chris Prater, der zwischen 1958 und 1962 das Fach Siebdruck an der Hornsey School of Arts unterrichtete, eröffnete 1958 ein Atelier, in dem er Visitenkarten, Plakate und ähnliches auf kommerzieller Basis herstellte. 1961 wurde Chris von Gordon House um eine Reihe von Siebdrucken gebeten. Wahrscheinlich waren dies die ersten künstlerischen Siebdrucke jener Zeit. Später arbeiteten sowohl Eduardo Paolozzi als auch Richard Hamilton mit Chris zusammen. Im Jahre 1963 stellte Richard Hamilton dann eine Mappe mit Siebdrucken von 20 verschiedenen Künstlern für das Institute of Contemporary Arts (ICA) zusammen, und ich war eingeladen, mich daran zu beteiligen. Ich bin ganz sicher, daß diese ICA-Mappe, die Chris Prater druckte, eine Art Weichenstellung für den künstlerischen Siebdruck gewesen ist. Zwanzig Künstler, die wohl ansonsten nie auf eine derartige Idee gekommen wären, hatten sich zusammengefunden und Drucke hergestellt. Einige von ihnen produzierten in dem folgenden Serigraphie-Boom eine große Anzahl an Drucken. Ich selbst arbeitete wieder mit Chris Prater zusammen, als er meine acht Aquarell-Illustrationen zu »Alice hinter den Spiegeln« druckte.

Und noch bei einem weiteren, wie ich finde sehr wichtigen Ereignis in der Geschichte des modernen Siebdrucks war ich dabei: Brad Faine, Autor des vorliegenden Buches, hat 1985 in seinem Coriander Studio den Druck *Visual Aid* für ›Band Aid‹ angefertigt. Ich bin stolz und dankbar, an diesem wunderschönen und für mich immer noch sehr bewegenden Werk beteiligt gewesen zu sein.

Mir ist es viel wert, einen Zugang zur Welt des Siebdrucks und zu all den »Zauberern« zu haben, die meine Bilder in Drucke verwandelten. Die vorliegende Siebdruck-Kunde von Brad Faine ist sehr informativ und zugleich auch unterhaltsam. Für mich eröffneten sich dadurch ganz neue Einblicke in die verschiedenen kreativen Gestaltungsmöglichkeiten mit dem Medium Siebdruck. Auch habe ich eine ganze Menge über die einzelnen Techniken dieses Druckverfahrens gelernt, das in den letzten Jahren einen solchen Aufschwung erlebt hat. Vielleicht sollte ich selbst wieder einmal ein paar Siebdrucke anfertigen – und sie vielleicht sogar selbst drucken!

Peter Blake

Oben: Peter Blake, *Selbstbildnis mit Buttons,* 1961, Öl auf Karton.

Links: *Nein, ist das nicht großartig . . .* Aus einer Serie von acht Siebdrucken, hergestellt von Chris Prater nach den Aquarell-Illustrationen von Peter Blake zu »Alice hinter den Spiegeln«.

Inhalt

Teil Eins

EINFÜHRUNG IN DEN SIEBDRUCK

Im Laufe der Jahrhunderte entwickelte sich der Siebdruck von einer ziemlich groben Technik, in der Ritter des Mittelalters ihre Banner bedrucken ließen, zu dem heutigen Verfahren zum Herstellen raffinierter künstlerischer Drucke.

Die Anfänge des Siebdrucks

Zwei verschiedene Entwicklungsstränge laufen im Siebdruck, so wie er sich heute in der westlichen Welt präsentiert, zusammen. Die älteste Form beruht auf einer Schablonentechnik, in jüngerer Zeit sind die Verwendung von Druckfarbe und Gewebematerialien hinzugekommen. Der früheste Nachweis über den Gebrauch von Schablonen stammt aus den altsteinzeitlichen Höhlen des Magdalénien (14000 bis 9000 v. Chr.) in den französischen Pyrenäen. Dort hat man negative Handabdrücke gefunden, bei denen die Farbpigmente durch ein Rohr oder einen Knochen um die ausgestreckten Finger geblasen worden waren. Schablonen benutzte man im Altertum beispielsweise bei der Ausschmückung ägyptischer Grabstätten oder für die Konturen griechischer Mosaiken. Und im klassischen Rom wurden damit Schriftzüge auf hölzerne Tafeln gemalt und dienten als Ankündigung von besonderen Attraktionen bei den Spielen – eine frühe Form der Werbung.

In der letzten Phase des altchinesischen Reichs (221–618 n. Chr.) wurde eine ungeheure Flut von Buddhabildern mit Hilfe von Schablonen produziert.

Aus dem Mittelalter ist eine frühe Form des Siebdrucks bezeugt: Man bestrich ein gespanntes Tuch teilweise mit Teer und ließ es dann trocknen. Somit erhielt man eine Negativschablone. Anschließend wurde mit einem festen Pinsel Farbe durch die freigelassenen Stellen des Gewebes auf Fahnen oder Uniformen gedrückt. Die so entstandenen Bilder zeigten dabei recht einfache Motive, wie beispielsweise das rote Kreuz der Kreuzritter.

JAPANISCHE EINFLÜSSE

Mitte des 19. Jahrhunderts setzte mit der Einfuhr japanischer Holzrahmen im Westen eine neue, historisch bedeutsame Entwicklung ein. Die Möglichkeit, Schablonen auf einem festgespannten Gewebe anbringen zu können, erlaubte nun die Gestaltung auch kompliziertester Entwürfe: Die Muster konnten genau ausgerichtet und mit einem Pinsel getupft werden. Ein früher Vertreter dieser Technik war William Morris, der so Stoffe bedruckte. 1907 erhielt Samuel Simon als erster ein Patent für seine Methode der Schablonenherstellung. Er benutzte dafür Füllmaterial, das er direkt auf das Sieb auftrug. Auf

HARUYO
Kimono mit zwölf Lagen Stoff

Dieses Bild im traditionellen japanischen Stil
wurde mit modernen Siebdrucktechniken
ausgeführt.

diese Art wurde es möglich, wesentlich detailliertere Schablonen zu verfertigen. Kurz danach kam die Rakel auf, mit deren Hilfe man die Druckfarbe viel gleichmäßiger auftragen konnte als durch das Tupfen mit dem Pinsel. Während des Ersten Weltkriegs wurde der Siebdruck sehr ausgiebig zur Produktion von Fahnen und Wimpeln eingesetzt.

VERFEINERTE TECHNIK DURCH FOTOSCHABLONEN

Durch die ersten Fotoschablonen aus dem Jahr 1915 eröffnete sich ein ganz neuer Anwendungsbereich für den Siebdruck: der Markt grafischer Gestaltung. In den zwanziger Jahren wurden mit diesem billigen, aber qualitativ hochwertigen Verfahren Werbematerialien hergestellt, die die Kaufhausketten in ihren Geschäften einsetzten. Der Börsenkrach des Jahres 1929 setzte den »feineren« Kunstdrucktechniken wie Radierung und Lithographie ein jähes Ende. Die folgende wirtschaftliche Rezession zwang die Künstler zu Billigproduktionen für den Hausgebrauch. So wandten sie sich dem Siebdruck zu und arbeiteten häufig in Projekten, die mit Regierungsgeldern finanziert wurden. Bei den handgefertigten Drucken aus dieser Zeit wurde die Schablone normalerweise direkt auf das Sieb aufgetragen (Tusche-Leim-Methode, siehe S. 39). Die Künstler legten Wert darauf, ihre Arbeiten von den kommerziellen Drucken abzugrenzen und nannten ihr Verfahren »Serigraphie«.

VON DER OP ART ZUR POP ART

In den fünfziger Jahren bot Luitpold Domberger, Druckunternehmer und Verleger in Stuttgart, die Möglichkeiten seines Ateliers Künstlern wie Josef Albers, Willi Baumeister und Victor Vasarely an. Domberger hatte das einstmals primitive Siebdruckverfahren derart verfeinert, daß er hervorragend gedruckte, hochwertige Kunstwerke produzieren konnte, die man später unter dem Begriff Op Art zusammenfaßte. Zur gleichen Zeit experimentierten in den Vereinigten Staaten Jackson Pollock und Ben Shahn mit dieser Drucktechnik, begegneten aber vielen Vorurteilen von Seiten der Sammler und Händler. Diese Einstellung änderte sich allerdings grundlegend, als

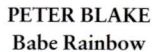

PETER BLAKE
Babe Rainbow

Peter Blake war Mitbegründer der Pop-Art-Bewegung in Großbritannien. Bekannt wurde er durch die Technik, in seinen Werken populäres Bildmaterial einzufügen.

EDUARDO PAOLOZZI
Bash

Paolozzis Werk *Bash* steht für »Baroque All Style High« (Barocker Höhenflug in allen Stilen) und ist typisch für seine frühen Siebdrucke.

Andy Warhol, Roy Lichtenstein und Robert Rauschenberg in den sechziger Jahren anfingen, das Medium Siebdruck für ihre mittlerweile sehr beliebte Pop-Kunst einzusetzen.

KELPRA STUDIO

Eine parallele Entwicklung fand in Großbritannien statt. Künstler wie Richard Hamilton, Eduardo Paolozzi, R B Kitaj und Joe Tilson arbeiteten mit Chris Prater im Kelpra Studio. Das Institute of Contemporary Arts unterstützte die Experimente, indem es eine Mappe von 20 Siebdrucken finanzierte. Sie enthielt Arbeiten führender zeitgenössischer Künstler, unter ihnen Richard Smith, Peter Blake, Peter Phillips und die bereits oben Erwähnten.

Die siebziger Jahre brachten mit der Einführung dünner Emulsionsfarben und ultrafeiner Siebe eine technische Revolution. Mit diesen Neuerungen wurde eine hohe Detailgenauigkeit (d. h. 133er Raster) zur Selbstverständlichkeit. Im selben Jahrzehnt stieg auch das allgemeine Interesse an Kunstdrucken mit limitierter Auflage

beträchtlich an. Kleinere Galerien, die sich auf den Verkauf solcher Arbeiten spezialisierten, schossen wie Pilze aus dem Boden.

Die wirtschaftliche Rezession Anfang der achtziger Jahre ließ viele dieser Galerien wieder schließen und setzte dem ständigen Anwachsen der Zahl von Druckwerkstätten ein Ende. Doch Künstler und Drucker hörten auch in dieser Zeit nicht auf, zu experimentieren und die Grenzen des Mediums zu erweitern.

Für den Siebdruckkünstler begannen Ende der achtziger Jahre wieder hoffnungsvolle Zeiten, denn das Interesse an Kunstdrucken nahm merklich zu. Das hing vor allem mit der Expansion des Marktes in den Vereinigten Staaten und im Fernen Osten zusammen. Auch wird dem Kunstdruck als Geldanlage von Firmen wieder mehr Wertschätzung entgegengebracht. Zwei gegenläufige Auswirkungen gehen mit dieser Expansion einher. Zum einen sind die Auflagenhöhen gestiegen, und zum anderen sind einige Künstler wieder dazu übergegangen, ihre Schablonen selbst herzustellen und kleine Auflagen oder sogar Unikate zu drucken.

JOE TILSON
Sonnen-Unterschriften

1962 begann Joe Tilson, angeregt durch Chris Prater, Siebdrucke anzufertigen. Mittlerweile gilt er als einer der bedeutendsten Vertreter dieser Kunstrichtung.

R B KITAJ
Verdorbene Kunst, unbedeutende Arbeiten, Bd. VI

Kitaj, einer der produktivsten Siebdruckkünstler der sechziger Jahre, arbeitete ebenfalls mit Chris Prater im Kelpra Studio.

Was ist Siebdruck?

Der Siebdruck ist eines der einfachsten Druckverfahren, die dem Künstler zur Verfügung stehen. Man benötigt dazu ein siebartiges Gewebe, das in einen festen rechteckigen Rahmen gespannt wird und die Schablone trägt. Mit einer sogenannten Rakel streicht man die in den Rahmen gegossene Farbe durch die freigelassenen Stellen der Schablone. Wenn die Siebunterseite mit dem Bedruckstoff in Berührung kommt, entsteht das Bild.

DIE SCHABLONE

Um eine Vorstellung von dem fertigen Bild zu bekommen, muß man sich klarmachen, daß die *ausgesparten* Schablonenteile als Druck erscheinen. Eine Schablone in ihrer einfachsten Form kann ein dünnes Blatt Papier sein (am besten Zeitungspapier), in das man zum Beispiel in der Mitte ein Loch gerissen hat. Dieses Papier befestigt man mit Klebeband an der Unterseite des Siebs. Da die Schablonen das Mittel sind, mit dem der Künstler seine Vorstellungen in den Druck umsetzt, ist es besonders wichtig zu verstehen, wie sie ›funktionieren‹.

Anhand der traditionellen Buchstabenschablonen läßt sich die Funktionsweise einer Schablone leicht veranschaulichen. Schneidet man den Buchstaben ›A‹ aus, erhält man ein Negativbild, das nach dem Druck als Positiv erscheint. Oder umgekehrt: Man schneidet alles außer dem Buchstaben weg, der dadurch zum Positiv wird, und beim Druck entsteht ein Negativbild.

Ein offenkundiger Nachteil dieser Schablone besteht darin, daß man Stege braucht, um zu verhindern, daß lose Teile aus der Schablone herausfallen – zum Beispiel das Dreieck im Buchstaben ›A‹. Zu Anfang löste man das Problem der Stege, indem man die losen Teile mit Hilfe von menschlichen Haaren an der Schablone befestigte. Später verwendete man anstelle der Haargitter Seidengewebe, die über einen Holzrahmen gespannt wurden. Das Verfahren, durch ein Sieb hindurchzudrucken, wurde erst Mitte des 19. Jahrhunderts in Europa entwickelt. Die Vorbilder für die Rahmen stammten aus Japan.

BRUCE McLEAN
Rohr-Traum 1984

Dieser Dreifarben-Siebdruck zeigt, wie auch ein einfaches Bild eine dramatische und grafische Wirkung haben kann.

Einfacher Siebdruck
Als simples Beispiel für den Siebdruck wurde der Buchstabe ›F‹ aus einem Stück Papier ausgeschnitten und an der Siebunterseite befestigt (1). Mit der Rakel preßt man die Farbe durch die offenen Stellen des Siebs, das heißt, durch die Form des Buchstabens ›F‹ (2). Das Ergebnis ist ein Positivdruck des Buchstabens auf einem Blatt Papier unter dem Sieb (3).

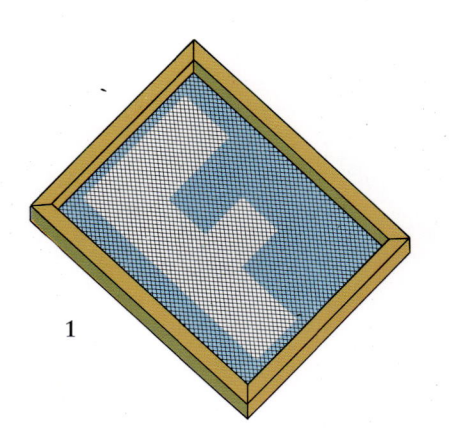

1

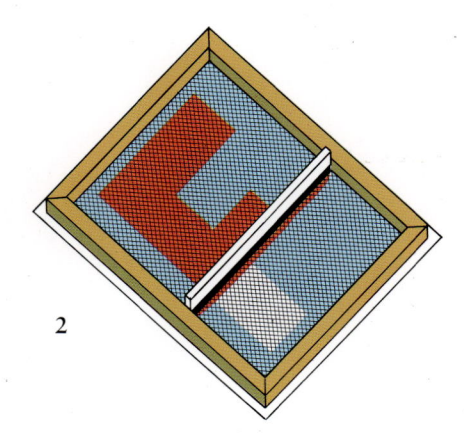

2

3

Druck oder Reproduktion?

Die steigenden Auflagenzahlen der letzten Jahre haben die Unterschiede zwischen einem Originaldruck und einer Reproduktion verwischt. Letztere ist ein Faksimile des ursprünglichen Bildes – beispielsweise die Abbildung eines Gemäldes in einem Buch. Gleiches gilt für Gemälde oder Zeichnungen, die im fotografischen Vierfarbendruck als Poster vervielfältigt werden.

Die amerikanische Zollbehörde etwa hat genau festgelegt, wann ein Druck ein zollfreies Original und wann eine zollpflichtige Reproduktion ist. Bei einem Original müssen die Farben einzeln nacheinander gedruckt werden. Eine Reproduktion hingegen wird ohne zusätzliche Eingriffe des Künstlers im Vierfarbendruck oder Rasterverfahren hergestellt. In Europa dagegen wird ein Druck bereits als Original anerkannt, wenn der Künstler erklärt, daß jede Vorarbeit nur im Hinblick auf den Druck angefertigt wurde, wie das zum Beispiel bei dem Aquarell von Ilana Richardson der Fall war (*siehe S. 115*). So können auch fotografische Verfahren bei der Herstellung eines Bildes genutzt werden.

SERIGRAPHIE

Es gibt zwei Möglichkeiten, künstlerische Drucke (Serigraphien) zu schaffen: Man greift entweder auf eine Vorlage, zum Beispiel eine Zeichnung oder ein Aquarell des Künstlers zurück, entwickelt sie weiter und setzt sie in eine Druckgrafik um, oder man gestaltet ein Werk mit Hilfe der Siebdrucktechnik selbst. In diesem Fall stellt der Künstler eine Anzahl von Schablonen her und fertigt immer wieder Probedrucke an, bis das Ergebnis zufriedenstellend ausfällt. Der fertige Druck ist dann das ›Original‹. Grundlage können Skizzen, Fotografien, Zeichnungen, Experimente direkt auf dem Sieb oder auch willkürlich nebeneinander plazierte Bilder sein. Während des Druckvorgangs stellen sich unbeabsichtigte und zufällige Effekte ein, die sich nicht selten vorteilhaft auf das Endprodukt auswirken.

ILANA RICHARDSON
Raffles Garten 1988

Dieser Kunstdruck wurde aus einem Aquarell der Künstlerin entwickelt. Im Druck ist die Maltechnik des Originals tatsächlich noch erkennbar. Doch die einzelnen Schritte des Siebdruckvorgangs erlaubten es der Künstlerin, in Zusammenarbeit mit dem Drucker über das ursprüngliche Konzept hinauszugehen.

ERTE

Ein in großer Auflage von Hand gedrucktes Plakat mit Buchstaben aus dem Erté-Alphabet.

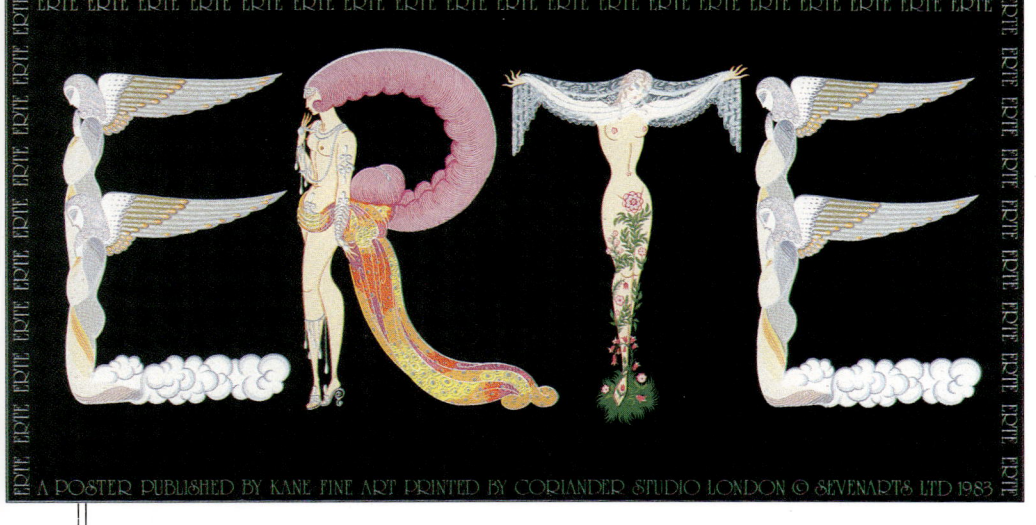

Warum Siebdrucke anfertigen?

Künstler sollten sich gelegentlich fragen, warum sie gerade Drucke herstellen wollen. Bei manchen ist es der Wunsch, einmal mit einem anderen Medium zu arbeiten, andere wollen neue Fähigkeiten erwerben, die meisten sehen darin eine Möglichkeit, ihre Arbeit ortsübergreifend einem größeren Publikum vorzustellen. Dabei darf man natürlich nicht übersehen, daß eine bestimmte Auflage von Drucken auch deswegen hergestellt wird, weil man sie verkaufen will. Nur sehr wenige Menschen werden aus rein künstlerischem Interesse ein Bild 60, 100 oder 1 000 mal reproduzieren. Andererseits muß man auch anerkennen, daß der Siebdruck nicht nur ein günstiges Reproduktionsverfahren ist, mit dem sich ein auf andere Art gefertigtes Bild beliebig vervielfältigen läßt. Für den Siebdruckkünstler ist die direkte Arbeit mit dem Medium ein kreativer Prozeß an sich. Die Herausforderung besteht darin, ein Bild zu schaffen, das den einzigartigen Möglichkeiten dieses Verfahrens entspricht.

Bei der Herstellung von Schablonen muß der Künstler seine Vorstellungen in eine gewisse Form ›übersetzen‹, er kann sie nicht direkt ausdrücken. Die Farben eines Gemäldes dagegen werden unmittelbar auf die Leinwand aufgetragen. Will man ein solches Bild drucken, müssen für jede Farbe eigene Schablonen angefertigt werden. Die praktischen Notwendigkeiten dieses Vorgangs sind alles andere als ein Hindernis für die Kreativität, sondern bilden vielmehr einen spannenden Anreiz. Technische Beschränkungen können für die Ästhetik insofern von Vorteil sein, als sie dazu dienen, die eigene Vision zu entfalten. Der thematische Spielraum ist unbegrenzt; ein Konzept oder ein Bild, das sich in eine Schablone fassen läßt, kann auch gedruckt werden. Ein Künstler wird mit der Zeit diese konzeptuelle Vorgehensweise zu einer neuen Art des Sehens entwickeln.

Professionelle Künstler mit vielen technischen Hilfsmitteln und einer anspruchsvollen Ausrüstung erleben die gleiche schöpferische Spannung wie ein Anfänger mit seiner selbstgebastelten Ausrüstung am Küchentisch. Beide werden den Reiz spüren, bildliche Aussagen in einer neuen bzw. ganz anderen Weise zu gestalten.

Die Arbeit mit Schablonen erfordert nicht unbedingt einen detaillierten Entwurf. Vielmehr bestimmt die Art des Bildes den Grad an technischer Vollkommenheit. Manchmal ist es ratsam, systematisch vorzugehen und den Druck abstrakt oder formal zu analysieren. Die andere Möglichkeit besteht darin, sich auf die Intuition zu verlassen, also Schablonen einfach so zu drucken wie sie sind und sie nach jedem einzelnen Abzug zu bewerten. Wenn man es lernt, kreativ und konzentriert vorauszuplanen, um einen größtmöglichen Effekt zu erzielen, so läßt sich mit einem Minimum an Schablonen ein einfaches und dennoch elegantes Ergebnis erzielen. Bei Art und Höhe einer Auflage gibt es vier Möglichkeiten. Ein Einzeldruck ist, wie der Name schon sagt, ein einzigartiges, einmaliges Kunstwerk. Man kann ihn während des Druckens oder der Vorbereitungen dazu in der Druckform gestalten, indem

man eine Reihe von Schablonen einander gegenüberstellt. Das Wesentliche daran ist, daß er sich sowohl in der Form wie in der Farbe von jedem anderen Druck unterscheidet. Druckt man die gleiche Schablone in unterschiedlichen Farben, so nennt man das eine Serie. Serien können eine beliebige Anzahl von Variationen aufweisen, werden aber normalerweise durch die verfügbare Ausstellungsfläche beschränkt. Eine Variante der Serie ist der Paralleldruck. Die Weiterentwicklung besteht darin, daß sich die einzelnen Drucke zu einem größeren Kunstwerk zusammenfügen. Schließlich gibt es noch die limitierte Auflage, bei der sich alle Drucke gleichen (*siehe S. 16*). Bei einer unbegrenzten Auflage stellt der Künstler solange eine Käufernachfrage besteht signierte Drucke her. David Hockneys weithin bekanntes Poster *Parade* mag als Beispiel dafür dienen.

DAVID HOCKNEY
Parade

Dieser Druck in unlimitierter Auflage wurde vom Künstler mit Handschnittschablonen nach einem Originalbild hergestellt.

BRUCE McLEAN
Krebsfaktor, 10 Tage 1–14

Dieser autographische Handdruck wurde in
limitierter Auflage nach einem Einzeldruck
hergestellt. Künstler und Drucker arbeiteten in
einem professionellen Atelier Hand in Hand.
Bei einer derartigen Partnerschaft setzt der
Drucker die Ideen des Künstlers in ein
gedrucktes Bild um.

Limitierte Auflagen

Limitierte Auflage bedeutet, daß von einem Druck nur eine bestimmte Anzahl Exemplare hergestellt wurde. Jedes wird vom Künstler am Rand mit Bleistift signiert. Dies zeigt an, daß der Künstler mit der Druckqualität einverstanden ist. Mit der Numerierung wird die festgelegte Auflagenhöhe kontrolliert. 15/125 heißt beispielsweise, daß ein bestimmter Druck der fünfzehnte von insgesamt 125 Exemplaren ist.

Früher war es üblich, mit einer Auflage immer unter hundert Stück zu bleiben. Diese Gewohnheit rührt aus der Zeit, also noch die – in Großbritannien übliche – Erwerbssteuer erhoben wurde. 99 Abzüge galten als ›Kunstobjekte‹, für die keine Steuer bezahlt werden brauchte, 100 und mehr hingegen als steuerpflichtige ›Geschenkartikel‹. Heutzutage ist die Auflagenhöhe beliebig – 10, 100, 10 000 Stück oder soviel, wie der Künstler Lust hat zu signieren. Es gibt allerdings eine Reihe von anderen Faktoren, die die Auflagenhöhe beeinflussen.

WERTSTEIGERUNG

Ursprünglich war es die Drucktechnik, die die Produktion auf eine bestimmte Stückzahl beschränkte. Eine Radierplatte wird mit dem Gebrauch immer schlechter, und entsprechend sind auch die ersten Abzüge oder eine geringere Anzahl von Drucken wesentlich besser. Durch die moderne Drucktechnik kann man Tausende von Abzügen herstellen, ohne daß die Druckqualität sich merklich verschlechtert. Demzufolge hat auch die Auflagenhöhe keine Auswirkung mehr auf den technischen Wert des jeweiligen Erzeugnisses. Der Hauptgrund für eine beschränkte Auflage ist also die kommerzielle Wertsteigerung.

Kritiker führen gegen die beschränkte Auflage ins Feld, daß eine derartige künstliche Verknappung die Preise in die Höhe treibt. Doch seit dem 19. Jahrhundert ist es eine ganz landläufige Praxis, durch signierte und begrenzte Auflagen eine Wertsteigerung zu schaffen. Dem Künstler ist es dabei jederzeit freigestellt, mit dieser Tradition zu brechen und seine Drucke weder zu signieren noch zu limitieren. M. C. Escher beispielsweise stellte seine Drucke entsprechend der Nachfrage her; zum Teil signierte er sie, zum Teil auch nicht. Whistler, ein früher Vertreter dieser Praxis, produzierte sowohl signierte wie unsignierte Abzüge von derselben Vorlage. Für die signierten verlangte er allerdings den doppelten Preis.

Durch das Drucken werden Bilder, wirtschaftlich gesehen, zu beliebig reproduzierbaren Kunstobjekten, die für jeden frei erhältlich sind. Allerdings birgt das die Gefahr in sich, daß die Nachfrage das einzige Kriterium für die Produktion wird. Einer begrenzten Druckauflage wird ein potentiell hoher Wert beigemessen, der es dem mehr esoterischen Künstler erlaubt, für ein kleines Publikum tätig zu sein.

Sammler und Händler arbeiten Hand in Hand, wenn es darum geht, einen künstlichen Seltenheitswert zu schaffen. Da der Markt für

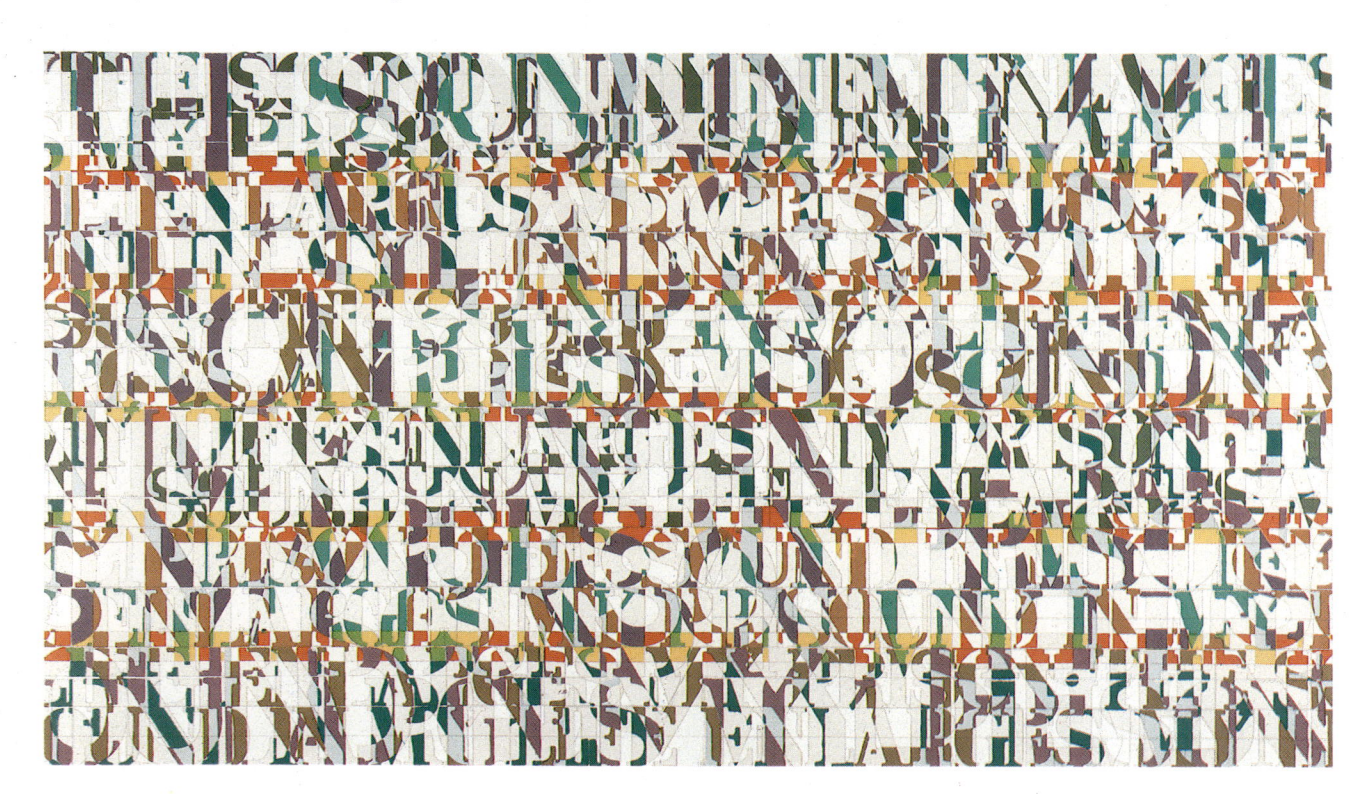

TOM PHILLIPS
Die Klänge in meinem Kopf

Die Schablonen für diesen Siebdruck mit begrenzter Auflage hat der Künstler selbst von Hand hergestellt. Der Künstler und eventuell auch der Verleger entscheiden über die Auflagenhöhe. In diesem Fall liegt sie bei 60 Exemplaren, einer mittleren Stückzahl.

ERTE
Die Orientalin

Erté ist wohl einer der produktivsten und meistgekauften
Siebdruckkünstler. Diese Arbeit wurde in einer Auflage von
300 Stück mit 50 Probeabzügen hergestellt.

BRENDAN NEILAND
Lloyd's

Diese abstrakte Ansicht des Lloyd's-Gebäudes in
London wurde aus einem Bild entwickelt, das
Lloyd's in Auftrag gegeben hatte.

zeitgenössische Kunst recht begrenzt und klein ist, werden die Drucke
eines erfolgreichen Künstlers oft als »inflationssichere« Kapital-
anlage erworben. Ein Sammler aus Investitionsgründen wird ein sel-
tenes Bild in der Hoffnung kaufen wollen, daß es seinen Wert behält.

ÖKONOMISCHE HINTERGRÜNDE

Der Reiz der Exklusivität ist jedoch nicht der einzige Grund für
eine begrenzte Auflage. Eine ebenso wichtige Rolle spielen dabei
die Größe des potentiellen Käuferkreises und die Kosten der Herstellung. Der Einzelpreis für einen Druck verringert sich drastisch,
wenn die Auflagenhöhe steigt. Die Kosten für die Vorarbeiten und
die Probedrucke bleiben die gleichen, egal ob man zehn oder 100
Abzüge macht. Ein Verleger versucht deswegen im allgemeinen, so
viele Bilder zu drucken, wie er glaubt verkaufen zu können. Dabei
liegt ihm daran, den Markt richtig einzuschätzen und seine Lager
nicht mit unverkäuflichen Produkten zu füllen. Eine niedrige Auflage hingegen bedeutet, daß die Produktionskosten pro Druck
vergleichsweise hoch liegen.

Der Ladenpreis eines Drucks setzt sich aus den Kosten des
Künstlers, des Druckers und des Händlers sowie einem angenom-
menen Anlage- oder dekorativen Wert zusammen (*siehe auch das
Kapitel ›Der Verkauf‹, S. 134*). Im wesentlichen kaufen Privatperso-
nen oder Unternehmen Drucke zu Dekorationszwecken. Von daher
ist es unwahrscheinlich, daß ein Verleger den potentiellen Markt
künstlich klein hält, nur um den Einzelpreis in die Höhe zu treiben.

KUNSTDRUCKE ALS GELDANLAGE

Große Firmen bestellen Drucke mit beschränkter Auflage, um bestimmte Ereignisse im Bild festzuhalten oder um künstlerische Projekte zu unterstützen. Das Interesse der Wirtschaft an Kunstdrucken
ist also erheblich gestiegen. Zeitgenössische Drucke werden aber
auch als gute Geldanlage betrachtet. Beispielsweise wurde eine Arbeit von Jasper Johns aus dem Jahre 1967 bereits 1988 für 150 000
Dollar verkauft. Dieser Form der Geldanlage kann man auch ein paar
positive Seiten abgewinnen. Zum Beispiel hat die Finanzierung des
letzten Drucks von Norman Stevens durch Pirelli zugunsten des botanischen Gartens im Londoner Stadtteil Kew ermöglicht, daß einige
der Bäume, die bei dem großen Sturm 1987 umgestürzt waren, ersetzt
werden konnten. Ein weiteres Beispiel ist der Kunstdruck *Visual Aid*
für ›Band Aid‹. Hierfür waren hundert verschiedene, von den Künstlern gestiftete Bilder verkleinert und als Gesamtkunstwerk gedruckt
worden. Man reproduzierte es dann in einer Auflage von 500 Stück,
und der Verkaufserlös floß an den ›Band Aid Trust‹. Zum ersten Mal
war ein Druck von hundert Künstlern signiert worden.

Weitere Anwendungsmöglichkeiten des Siebdrucks

K unstdrucke werden nicht unbedingt nur zweidimensional oder ausschließlich auf Papier ausgeführt. Viele Künstler drucken dreidimensional, indem sie Bilder direkt auf Skulpturen oder Gemälde projizieren. Ab 1962 fertigte Andy Warhol beispielsweise zahlreiche Arbeiten wie das *Marilyn Diptychon* oder die *Grünen Coca-Cola-Flaschen* an, indem er den Siebdruck direkt auf gespannter Leinwand ausführte. Die Möglichkeit, dreidimensional drucken und andere Materialien einbeziehen zu können, ist für viele Künstler sehr interessant.

KOMMERZIELLER GEBRAUCH VON SIEBDRUCKEN

Der Siebdruck ist kommerziell sehr vielseitig einzusetzen; er findet auf Materialien wie Stoff, Metall, Holz, Glas, Plexiglas, Kunststoff, Karton, Ziegel, Gips, Gummi oder Leinwand Verwendung. Praktisch ist jede Oberfläche dafür geeignet. Auch in der Keramikindustrie greift man auf den Siebdruck zurück, um Abzüge für das Brenngut herzustellen und den Ton für die Verzierung von Steingut oder Keramik direkt zu bedrucken. Fertigbuchstaben, wie man sie

in grafischen Betrieben verwendet, und die Abziehbilder, mit denen Kinder spielen, sind ebenfalls Entwicklungen der Siebdruck-Technologie. Die größte kommerzielle Rolle spielt der Siebdruck allerdings im grafischen Gewerbe: bei großen Reklameflächen, im gesamten Anzeigenbereich der Werbung, bei Gebrauchsanweisungen für Geräte und allen Arten von Abziehbildern und Etiketten. Gedruckte Schaltkreise für Computer und Haushaltsgeräte werden ebenfalls im Siebdruckverfahren hergestellt. Dabei garantieren die verwendeten Edelstahlnetze höchste Genauigkeit und Präzision.

Für den Siebdruck sind glatte Unterlagen keine notwendige Voraussetzung. Wände lassen sich beispielsweise mit Bildern verzieren, die man direkt auf die Mauer druckt. Die Texte und Bilder auf Flaschen und Blechdosen stammen aus Runddruckpressen. Plastikgegenstände bedruckt man meist mit elastischen Farben; erst anschließend werden sie vakuumgeformt. Bei aufgeblasenen Luftballons dehnen sich die Farben der aufgedruckten Bilder auf dem Gummi aus.

In der Textilindustrie spielt der Siebdruck eine ganz wesentliche Rolle, sei es für exklusive handbedruckte Stoffe oder für Kauf-

Bedruckte Textilien
In der Textilindustrie wird das Siebdruckverfahren vielfach für das Bedrucken mit Mustern verwendet. Das gilt für so exklusive Stoffe wie diesen Chintz aus der Laura-Ashley-Kollektion (oben), aber auch für die Massenware bedruckter T-Shirts (links).

hausware, für T-Shirts wie für Designer-Logos. Eine etwas ausgefallene Anwendung des Siebdrucks findet man in der Lebensmittelindustrie: Kuchen und Süßigkeiten werden verziert, indem man sie mit Lebensmittelfarben bedruckt.

NEUE ENTWICKLUNGEN

Zu den neuesten Entwicklungen im Druckgewerbe gehören berührungsempfindliche elektronische Farben, abreibbare Farben für Preisausschreiben sowie Kratz- und Duftfarben für Werbeanzeigen oder ähnliches.

Aber erst die Erfindung ultraviolettempfindlicher Farben hat ganz neue Anwendungsgebiete erschlossen. Diese Farben bleiben so lange feucht, bis man sie UV-Licht aussetzt; dann aber trocknen sie außerordentlich schnell. Früher konnte man Qualitätsbücher und -drucke nur mit dem Lithodruckverfahren herstellen. Nunmehr erzielt man mit Hilfe von Seidensieben eine hochwertige Farbwiedergabe, und der Druckvorgang ist genauso schnell wie bei einer automatischen Lithopresse. Den weiteren Entwicklungsmöglichkeiten des Siebdrucks sind nur durch Phantasie und Einfallsreichtum der Anwender Grenzen gesetzt, wobei es für Pioniere immer noch genug Neuland zu erforschen gibt. Im Gegensatz zu anderen, herkömmlichen Kunstdrucktechniken wie der Radierung, dem Holzschnitt und der Lithographie kann der Siebdruck nämlich auf keine lange Tradition zurückblicken.

DIE GRENZEN DES SIEBDRUCKS

Die Entwicklung dünner Farben und feinmaschiger Netze ermöglicht eine große Bandbreite in den Anwendungsmöglichkeiten. Reliefartige Vertiefungen und Erhöhungen fallen zwar nicht darunter, da man dafür einen Druck benötigt, den man nur mit Techniken wie der Radierung oder dem Holzstich erreicht. Erhabene Linien auf der Oberfläche lassen sich hingegen abbilden. Sie werden mit der entsprechenden Farbe vorgegeben und nach dem Drucken gesondert herausgehoben (*siehe Teil Sechs*).

Für den Effekt einer Lavierung, den man mit dem Lichtdruckverfahren und zum Teil auch mit Lithographie erreichen kann, reicht ein einziger Abzug kaum aus. Bei einer Folge von Drucken hingegen erzielt man annähernd die gleiche Wirkung. Je mehr Abzüge man herstellt, um so besser werden die Ergebnisse.

Für den Druck von Halbtönen muß man, gleich bei welcher Technik, das Bild in kleinste Einheiten auflösen und in feinen Punkten drucken. Diese sind entweder regelmäßig (beim Rasterverfahren) oder unregelmäßig (beim Mezzotintoverfahren) angeordnet. Zwar ist es möglich, mit dem Siebdruckverfahren ein feines Punktemuster zu drucken (eine Auflösung von bis zu 133 ist möglich), doch mit Lithographien, Radierungen und Gravuren lassen sich wesentlich feinere Bilder erzeugen.

Innerhalb dieser Grenzen ist praktisch alles möglich. Man muß nur die richtige Schablone herstellen und das geeignete Sieb dafür auswählen.

Teil Zwei

VORBEREITUNGEN

Die Grundausstattung für den Siebdruck ist weder aufwendig noch
zwangsläufig teuer. Man benötigt einen Rahmen, auf den ein
Gewebe gespannt ist, eine Rakel, Farbe und etwas, worauf
man drucken kann als Unterlage, beispielsweise Papier.
Neben der Ausrüstung sollte man natürlich auch noch
eine Vorstellung von dem Bild haben, das man
drucken möchte.

Der Rahmen

Das Sieb besteht aus dem Rahmen und dem darüberge-spannten Gewebe. Einen ganz einfachen Rahmen kann man schon aus einem rechteckigen Stück dicken Kartons herstellen. Man schneidet in der Mitte ein kleineres Rechteck aus und befestigt auf einer Seite groben Organdy. Für Weihnachtskarten beispielsweise oder kleine Bilder bis zu einem Format von 15 mal 20 Zentimeter reicht diese Konstruktion völlig aus.

HOLZRAHMEN

Die meisten Anfänger entscheiden sich für einen Holzrahmen, den man mit etwas handwerklichem Geschick selbst bauen oder auch fertig kaufen kann. Ersteres hat den Vorteil, daß man die Größe selbst bestimmen kann – 60 mal 40 Zentimeter ist ein gutes Maß für den Anfang. Das Holz sollte eine gerade Maserung haben und darf nicht verzogen sein. Gekaufte Rahmen sind vielfach aus Zedernholz, da es wasserbeständig, fest und leicht zu behandeln ist. Je nach Größe des Rahmens muß das Holz entsprechend stark sein, da das aufgespannte Gewebe eine beträchtliche Spannung ausübt. Andererseits sollte ein Rahmen nicht unhandlich schwer sein. Die Ecken haben die meiste Spannung auszuhalten und sollten deswegen gut verbunden und verleimt werden (nicht nur einfach geschraubt oder genagelt. Zum Schluß muß jeder Rahmen

mit einer wasser- und farbabstoßenden Schutzschicht überzogen werden, etwa mit Polyurethanlack oder einer Mischung aus Schellack und Brennspiritus.

FERTIGE RAHMEN

Auch für den Künstler ist Zeit Geld; daher empfiehlt es sich, einen fertigen Rahmen zu kaufen, außer man verfügt über die entsprechenden Werkzeuge und bastelt gerne. Der Vorteil gekaufter Rahmen liegt auf der Hand: sie bestehen aus dem richtigen Material, die Fläche steht im richtigen Verhältnis zur Rahmenstärke und die Ecken sind korrekt gearbeitet (*siehe unten links*).

Im Fachhandel bekommt man die Rahmen sowohl in Standardgrößen, als auch in Sonderanfertigungen. Der Rahmen sollte immer so groß wie möglich sein, da sich mit einem großen Rahmen auch kleine Bilder herstellen lassen, eine große Schablone aber natürlich nicht in einen kleinen Rahmen paßt. Ein Holzrahmen ist am besten, wenn man das Gewebe selbst aufziehen möchte, da man es einfach anheften oder ankleben kann, je nachdem, welche Methode man wählt (*siehe S. 24*).

METALLRAHMEN

Die meisten professionellen Drucker verwenden Metallrahmen. Sie halten länger, und wenn sie richtig bespannt werden, haben sie eine bessere Passergenauigkeit, da sie sich auch unter Spannung weder verziehen noch verbiegen. Bei Holzrahmen, selbst bei fabrikmäßig hergestellten, hat man immer wieder das Problem, daß sie sich wölben oder verziehen und die Schablonen sich dadurch verschieben.

Metallrahmen sind entweder aus Aluminium oder aus Stahl. Aluminium hat den Vorteil, daß es nicht schwer ist, aber wenn der Rahmen nicht gut am Tisch befestigt ist, verbiegt er sich leicht. Am stärksten und haltbarsten sind Rahmen aus einbrennlackiertem Stahl. Metallrahmen gibt es vor allem in zwei Ausführungen: in Kastenform oder mit abgerundetem Innenprofil (siehe unten). Für den selbsthergestellten Drucktisch (*siehe S. 59*) empfiehlt sich der Kastenrahmen, weil er einfacher zu befestigen ist. Ein professioneller Drucker zieht das andere Modell vor; es ist stärker, hält eine höhere Gewebespannung aus und ist aufgrund des Innenprofils leichter zu reinigen.

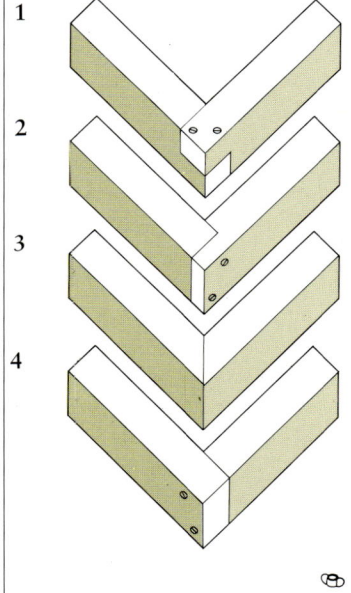

1 2 3 4

Holzrahmen
Holzrahmen kann man selbst bauen oder im Fachhandel für Druckereibedarf kaufen. Die Ecken tragen den Hauptteil der Spannung und müssen daher sorgfältig verbunden und verleimt werden. In der Abbildung (*links*) sieht man vier feste Verbindungen: (1) Überblattung; (2) Falzverbindung; (3) Gehrung; (4) Stoß.

Universalrahmen
In einen Universalrahmen lassen sich verschiedene Druckrahmen einsetzen. Zum Reinigen kann man sie leicht herausnehmen (*unten*).

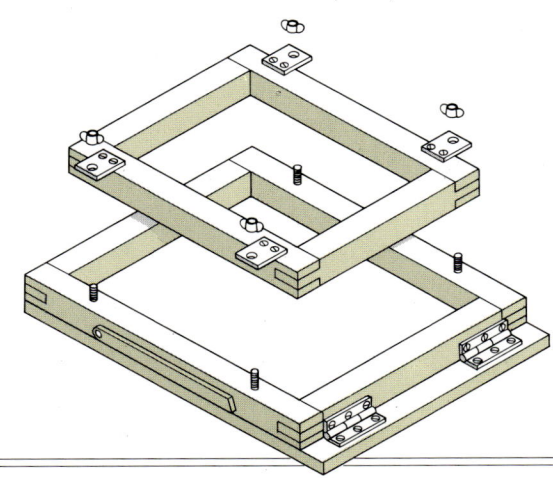

Metallrahmen
Metallrahmen sind sehr haltbar und verziehen sich unter Gewebespannung nicht. Es gibt zwei verschiedene Profile: (1) Kastenprofil; (2) innen abgerundetes Profil.

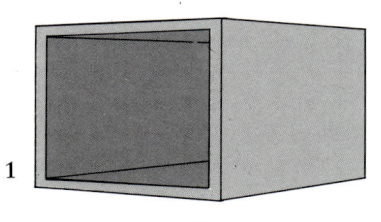

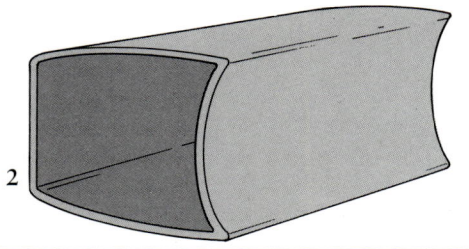

Siebgewebe

Man kann eine ganze Reihe verschiedener Materialien auf einen Rahmen spannen und als Sieb verwenden. Die Wahl hängt davon ab, was man machen möchte und wieviel Geld man ausgeben will. Am gebräuchlichsten sind Organdy, Seide, Nylon, Polyester-Mono- und Multifilamentgewebe und Metalldrahtgewebe. Die Struktur des Gewebes wird nach der Fadenzahl pro Zentimeter beurteilt. Wichtig ist dabei die Fadendichte, das heißt das Verhältnis der Fäden zu den Zwischenräumen.

GEWEBESTÄRKE

Das Gewebe muß so stark sein, daß es beim Spannen nicht reißt; es darf sich auch nicht verziehen oder seine Spannung bei Feuchtigkeit verlieren. Außerdem dürfen ihm die beim Druckvorgang verwendeten Chemikalien nichts anhaben. Je stärker die Spannung auf dem Gewebe ist, um so höher ist die Passergenauigkeit, da es durch das Darübergleiten der Rakel nicht verzerrt wird.

Die Gewebestärke bezeichnet man mit den Buchstaben T oder HD (früher verwendete man S = fein, M = mittel, T = stark und HD = extra stark). Heute steht T für die Standardstärke, die für die meisten Kunst- und Handdrucke geeignet ist. HD (engl.: heavy duty) benutzt man vor allem bei Maschinendrucken mit Langzeitbelastung. Ein HD-Sieb mit der gleichen Fadenzahl wie ein T-Sieb verlangt einen stärkeren Anpreßdruck der Rakel und läßt aufgrund des feineren Gitters eine dünnere Farbschicht durch.

GEWEBEDICHTE UND FARBDURCHLÄSSIGKEIT

Durch die Gewebedichte sind die Öffnungen im Sieb festgelegt, was wiederum die Qualität der Farbdurchlässigkeit bestimmt. Ein feines Gewebe mit einer hohen Dichte von beispielsweise 150 T läßt nur einen dünnen Film der Druckfarbe durch. Bei einer Dichte von 42 T kann man hingegen eine dicke Farbschicht auftragen. Man sollte daher vorher überlegen, wie intensiv man die Farbschicht wünscht und dementsprechend das Gewebe für das Sieb wählen. Die meisten professionellen Drucker arbeiten mit ungefähr sechs verschiedenen Siebstärken zwischen 42 T und 180 T. Für Glitzerfarbe braucht man aber beispielsweise ein ganz grobes Sieb von 20 T. Fachschulen und Künstler begnügen sich zu Anfang meist mit den Stärken 62 T und 90 T: 62 T für den Grundfarbauftrag und 90 T für die Feinarbeit. Es empfiehlt sich, auf einem neuen Rahmen gleich die Gewebedichte zu vermerken. Andernfalls kann man sie auch mit Hilfe eines Fadenzählers oder eines Stücks markierter Leinwand nachzählen.

KAUF DES GEWEBES

Man kann alle Gewebearten im Fachhandel (*siehe S. 140*) von der Rolle in Breiten zwischen einem und zwei Metern kaufen. Normalerweise muß man mindestens einen halben Meter am Stück abnehmen. 200 T ist das derzeit feinste Gewebe (200 Fäden pro Zentimeter in Standardstärke). Obwohl dieses Gewebe eigentlich für ultraviolettempfindliche Druckfarbe gedacht ist, kann man es auch für die Punktmatrix feiner Raster verwenden, wenn man die herkömmlichen Farben entsprechend verdünnt. Normalerweise erhält man das Gewebe in Weiß oder einem Orange bzw. Gelb mit Anti-Lichthof-Effekt für direkte Fotoschablonen (*siehe Teil Drei*). Diese Färbung verhindert, daß das Licht durch die Fäden dringt, während man die Schablone dem UV-Licht aussetzt.

GEWEBEARTEN

Es gibt sechs verschiedene Gewebearten, die zur Herstellung eines Siebs geeignet sind. Sie unterscheiden sich in der Beschaffenheit und im Preis; teilweise auch in ihrem Verwendungszweck:

Organdy ist ein Baumwollgewebe mit einer Dichte von 70 bis 90 Fäden. Für den Anfänger ist es ideal, da es billig und leicht zu spannen ist. Organdy bekommt man in Kurzwarengeschäften. Es eignet sich hervorragend für kleine Kartonrahmen, wie man sie beispielsweise zur Herstellung von Weihnachtskarten benutzen kann. Der Künstler wird allerdings sehr schnell merken, daß der Anwendungsbereich recht beschränkt ist. Das Gewebe hat nur wenig Spannkraft, es dehnt sich bei Nässe aus und zieht sich beim Trocknen wieder zusammen. Dadurch hat es eine schlechte Passergenauigkeit. Ein weiterer Nachteil ist, daß Organdy durch die im Siebdruck verwendeten Chemikalien rasch zerstört wird.

Seide, das klassische Gewebe im Siebdruck, ist stärker als Organdy. Damit das Sieb richtig straff wird, muß man sie im feuchten Zustand aufspannen. In den meisten Fällen ist Seide den synthetischen Materialien unterlegen. Eine Ausnahme bildet lediglich die Verwendung von Schablonen nach der Tusche-Leim-Methode (*siehe S. 39*). Für Fotoschablonen ist Seide vollkommen ungeeignet, da das hierbei verwendete Bleichmittel das Gewebe angreift.

Nylon-Monofilamentgewebe werden aus feineren Fäden oder Fasern als Seide hergestellt, sind aber stärker und elastischer. Für einen unregelmäßigen Druckuntergrund wie Keramik, Leinwand oder sogar Ziegelmauern ist diese Elastizität sehr praktisch. Nachteilig wirkt sie sich hingegen bei Drucken aus, bei denen man mit Über- bzw. Unterstrahlung oder Stoßgenauigkeit arbeitet (*siehe*

KATHERINE DOYLE
Ruhiger Abend

Diese Serigraphie wurde mit zwei verschiedenen Siebstärken angefertigt: Das vielgestaltige Verlaufen des Abendhimmels verlangte ein grobes Sieb; die handgemalten Partien wurden mit einer Schablone auf einem feinmaschigem Sieb aufgebracht.

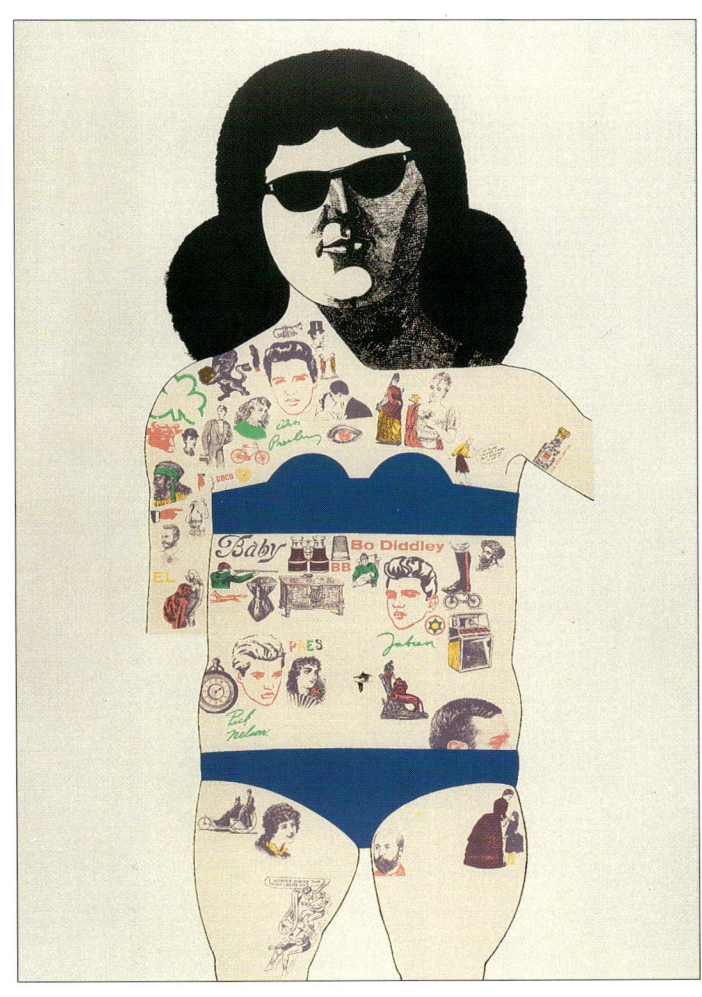

S. 66). Richtig gespannt, ist Nylon ein gutes Material für vielseitige Anwendungsmöglichkeiten. Das Spannen sollte man allerdings nicht von Hand vornehmen. Der Vorgang erfolgt in zwei Stufen: Zunächst spannt man das Material auf die richtige Ausdehnung und läßt es sich dann 15 Minuten setzen. Anschließend muß man die Mitte befeuchten und kann das Gewebe dann endgültig spannen und am Rahmen befestigen.

Polyester-Monofilamentgewebe ist am besten für Drucke mit begrenzter Auflage geeignet, da man hierbei eine hohe Passergenauigkeit benötigt. Von allen nichtmetallischen Geweben verzieht es sich am wenigsten und ist am unempfindlichsten gegenüber Chemikalien. Wie Nylon muß man es in zwei Stufen mit einer Maschine aufziehen, wobei dieses Material eine wesentlich stärkere Spannung benötigt als die meisten anderen. Es verträgt mit der entsprechenden Vorbereitung alle Arten von Schablonen. Polyester-Multifilamentgewebe wird vor allem in der Textilindustrie und bei der Herstellung großer Plakate für Reklametafeln eingesetzt, wenn man mit direkten Fotoschablonen arbeitet.

Edelstahl und vernickeltes Polyester verziehen sich überhaupt nicht und liefern auch bei intensiver Nutzung eine akkurate Passergenauigkeit. Man verwendet sie hauptsächlich für gedruckte Schaltungen und ähnliche Präzisionsarbeiten. Für den Kunstdrucker sind sie im allgemeinen zu teuer. Wenn man nicht sorgfältig mit ihnen umgeht, knicken sie und sind dann für jede Schablone unbrauchbar. Die Unnachgiebigkeit des Materials erlaubt keine Regulierung von Passerungenauigkeiten mit Klebeband (*siehe S. 64*). Metallsiebe sollten professionell gespannt werden, da sie sehr teuer sind und man das Risiko des Reißens lieber den Fachmann tragen lassen sollte.

PETER BLAKE
Tätowierte Frau

Künstler kombinieren häufig verschiedene Gewebedichten in einem Druck. Bei diesem Bild gestaltete Peter Blake die dichten Schwarz- und Blaupartien mit einem groben Sieb. Für die feinen Details der Tätowierungen verwendete er ein wesentlich engmaschigeres.

Das Bespannen des Rahmens

Sind Rahmen und Gewebe ausgewählt und angeschafft, so folgt das Bespannen oder Aufziehen. Bei einem Holzrahmen kann man das von Hand vornehmen, professioneller wird das Ergebnis jedoch, wenn man ein – leider teures – Spanngerät verwendet. Metallrahmen werden in jedem Fall mechanisch bespannt. Alle Rahmen kann man auch vom Fachmann herrichten lassen.

PROFESSIONELLES SPANNEN

Wenn man die Mühen und den Zeitaufwand des Bespannens bedenkt, lohnt es sich wahrscheinlich, trotz der Kosten die Arbeit einem Fachmann zu überlassen. Bei einem professionell aufgezogenen Sieb kann man sich darauf verlassen, daß das Gewebe mit der richtigen Spannung korrekt am Rahmen befestigt und der Fadenlauf parallel zu den Seiten ausgerichtet ist, wodurch ein rechtwinkliges Gittermuster entsteht. Wie wichtig letzteres ist wird deutlich, wenn man feine Detail- oder Punktmatrixschablonen auf einem schief gespannten Gewebe anbringt: Der fertige Druck wird an verschiedenen Stellen Moirémuster aufweisen. Noch ein weiterer Vorteil spricht für professionell bespannte Rahmen. Der Kunde braucht nur den tatsächlich für seinen Rahmen benötigten Stoff zu bezahlen, da beim Fachmann meist viele Rahmen hintereinander aufgezogen werden und der Verschnitt dadurch sehr gering ist. Wenn das Gewebe unter zu großer Spannung reißt, trägt die Firma die Kosten, und nicht der Kunde.

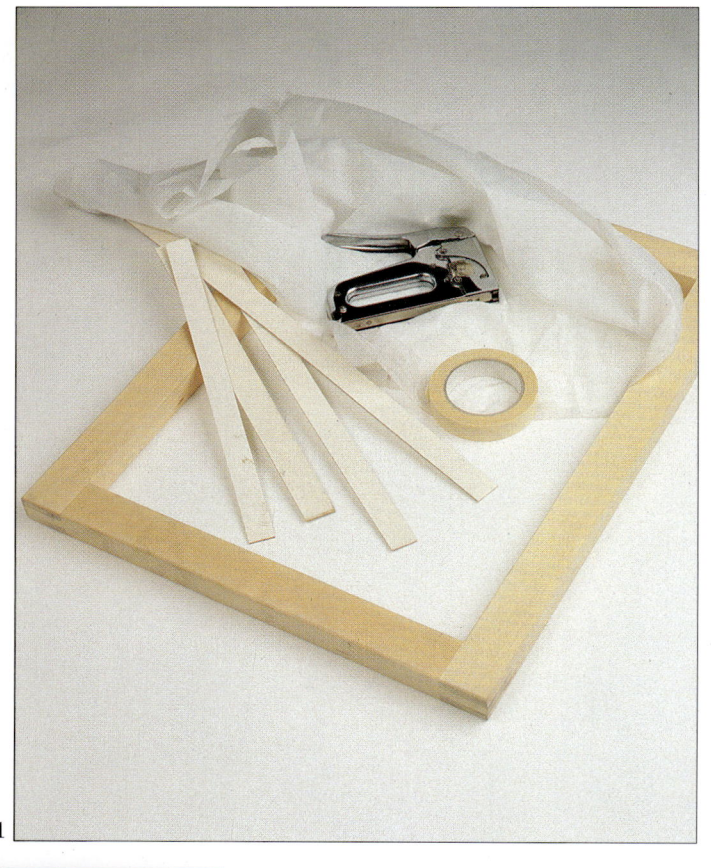

1

2

3

4

5

Bespannen eines Rahmens von Hand
Zunächst besorgt man sich das benötigte Handwerkszeug und die Materialien: Rahmen, zugeschnittenes Siebgewebe, Tacker, Kartonstreifen und Abdeckband oder doppelseitiges Klebeband (1). Man legt das Gewebe auf einen sauberen, ebenen Tisch und den Rahmen darauf, wobei die Fäden parallel zu den Rahmenseiten verlaufen müssen. Die Kartonstreifen werden mit Klebeband am Stoff befestigt, um zu verhindern, daß er beim Spannen an den Heftklammern reißt. Dann schneidet man die Ecken des Gewebes ab (2). An einer der Längsseiten beginnt man, den Stoff um den Kartonstreifen einzuschlagen (3). Von der Mitte aus heftet man den Stoff an den Rahmen und achtet darauf, daß er von dort aus gespannt bleibt (4). Dann zieht man das Gewebe über den Rahmen und befestigt es an der gegenüberliegenden Seite, anschließend an den beiden kürzeren (5). An den Ecken wird der Stoff schließlich wie Leinwand gefaltet und geheftet.

  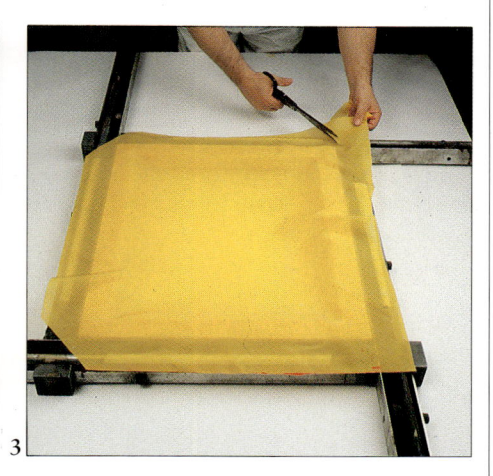

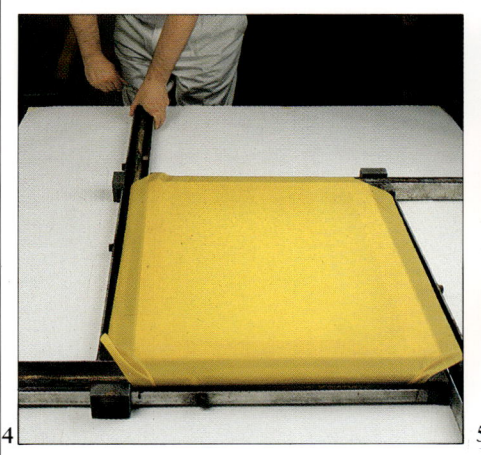  

Bespannen eines Holzrahmens mit einem Spanngerät
Zunächst wird der Rahmen in das Spanngerät eingepaßt (1). Man befestigt das Gewebe mit doppelseitigem Klebe- oder Abdeckband an den Spannwalzen (2). Dann werden die Ecken des Stoffs abgeschnitten (3). Jetzt dreht man die Walzen paarweise, bis die nötige Spannung erreicht ist (4). Mit einem Pinsel streicht man Leim auf, der das Gewebe mit dem Rahmen verklebt (5). Wenn er getrocknet ist, schneidet man die überstehende Bespannung ab und hebt den Rahmen heraus (6).

Professionelles Spannen
Große Siebe lassen sich eigentlich nur in dafür eingerichteten Werkstätten fachmännisch aufziehen. Hier wird gerade die Spannung mit einem Meßgerät überprüft.

Die Vorbereitung des Siebs

Bevor man anfängt, mit einem neuen Sieb zu arbeiten, muß man es richtig vorbereiten, damit die Schablonen überall gleichmäßig daran haften. Bei einem unzureichend behandelten Sieb bleiben beispielsweise die feinen Details von Fotoschablonen oder zweischichtigen Schneidefilmen am Abdeckpapier hängen, wenn man es nach dem Trocknen entfernt.

Organdy und Seide sollte man vor dem ersten Gebrauch mit einer weichen Bürste und einem Haushaltsscheuermittel abschrubben und hinterher sorgfältig unter fließendem kalten Wasser ausspülen. Im Anschluß daran entfettet man das Gewebe, indem man es mit einer dreiprozentigen Essigsäurelösung abwäscht. Neue Siebe aus Nylon, Polyester und Stahl werden wie in der Beschreibung rechts zu sehen behandelt.

SÄUBERN EINES GEBRAUCHTEN SIEBS

Zunächst entfernt man die alte Druckfarbe mit dem entsprechenden Lösungsmittel. Anschließend beseitigt man Lack und Klebestreifen. Klebestreifen aus Zellulose oder ungefirnißtem Gummi müssen vor dem Abwaschen des Schablonenmaterials abgezogen werden. Für die Schablone verwendet man, je nach Material, alkoholhaltige Lösungsmittel oder Wasser. Direkte Fotoschablonen erfordern ein spezielles Entschichtungsmittel, indirekte kann man mit einer Mischung aus Bleichmittel und Wasser (im Verhältnis eins zu drei) entfernen. Wenn die entsprechende Lösungschemikalie die Schablone angegriffen hat, muß man sie mit sehr viel Wasser, am besten unter hohem Druck, abspülen. Man wäscht das Sieb solange, bis auch die letzte Spur Farbe oder Schablone entfernt ist. Bei einigen Oxidationsfarben müssen verbleibende Bildreste mit einem speziellen Entschichtungsmittel abgelöst werden.

ENTFETTEN

Nach jeder Säuberung muß das Sieb auf beiden Seiten entfettet werden. Man wäscht das Gewebe entweder mit Fettlöser oder mit Essigsäure, die man ein paar Minuten einwirken läßt, bevor man sie abspült und den Rahmen zum Trocknen aufstellt. Für das Entfetten sind Haushaltsreiniger, Brennspiritus oder auch Alkohol gleichermaßen geeignet. Spezielle Entfettungsmittel wirken am intensivsten, sind aber auch am teuersten. Flüssige Mittel sind Pulvern in jedem Fall vorzuziehen, denn diese hinterlassen leicht einen sandigen Rückstand, der dann auf jeder Schablone wie Nadelstiche erscheint. Die Trockenzeit läßt sich verkürzen, indem man das überschüssige Wasser mit Zeitungspapier aufsaugt und ein Warmluftgebläse anstellt. Auf keinen Fall sollte man das frisch gereinigte Sieb berühren, denn selbst auf den saubersten Händen befindet sich etwas Fett.

DAS ABKLEBEN DES SIEBS

Damit die Druckfarbe nicht zwischen Rahmen und Gewebe laufen kann, muß man die Ränder mit Klebstreifen abdichten. Dafür gibt es zwei Möglichkeiten. Einfaches selbstklebendes Paketband läßt sich leicht anbringen und nach dem Drucken wieder entfernen; außerdem ist es unempfindlich gegenüber Farbe, Wasser oder Lösungsmittel. Die gebräuchlichere, aber auch zeitaufwendigere Methode ist das Abkleben mit gummierten Klebstreifen, die den Vorteil haben, das Sieb noch etwas zu straffen, wenn sie trocknen. Auf der gegenüberliegenden Seite wid dieses Verfahren beschrieben.

1

2

3

Vorbereiten von Nylon-, Polyester- und Stahlsieben

Die Siebe müssen abgerieben werden, damit Schablonen richtig haften. Die Farbenhersteller liefern entsprechende Pulver oder Pasten zur Vorbehandlung. (1) Diese Mittel sind giftig und greifen die Haut an; deshalb muß man Gummihandschuhe, Schutzbrille und Atemmaske tragen. Pulver oder Paste werden beidseitig auf das nasse Gewebe aufgetragen. (2) Mit einer Nylonbürste werden sie eingerieben; dann läßt man sie ein paar Minuten wirken. (3) Anschließend spült man die Reste des Behandlungsmittels wieder ab.

Abkleben des Siebs

Gummiertes Klebeband mit Leim auf Wasserbasis ist billig und spannt das Gewebe zudem noch etwas beim Trocknen. (1) Mit einem Schwamm befeuchtet man das Band und beklebt zunächst die Siebunterseite. Das Band soll am Rahmen haften und das Sieb auf einer Breite von ca. 2,5 cm bedecken. (2) Für die Oberseite faltet man das Band, so daß es Rahmeninnenseite und ein Stück Sieb abdeckt. (3) Besonders sorgfältig müssen Ecken und Winkel verklebt werden. (4) Leimklebeband auf Wasserbasis muß mit Schellack versiegelt werden. Dabei streicht man den Schellack noch 5 mm weiter auf das Sieb, damit keine Druckfarbe unter das Klebeband ziehen kann.

Die Rakel

M it der Rakel preßt man die Druckfarbe durch die offenen Bereiche des Siebs auf das darunterliegende Papier. Die einfachste Form einer Rakel ist ein gerades, sauber zugeschnittenes Stück Karton. Zusammen mit dem einfachen Kartonrahmen ist diese Form für den Anfänger recht brauchbar. Drucker verwenden meist drei verschiedene Rakeltypen, die es jeweils in unterschiedlichen Größen gibt: Die Handrakel, die Einarmrakel und die Mehrblattrakel.

Die Handrakel besteht aus einem flexiblen Blatt, das in einen Holzgriff eingelassen ist. Dieser sollte gut in der Hand liegen. Mit der Rakel wird die Farbe sauber auf der Oberfläche des Siebs verteilt, wobei es darum geht, mit möglichst geringem Druck ein gutes Bild zu erhalten. Die Farbe sollte nicht mit viel Kraftaufwand durch das Sieb gepreßt werden müssen.

Die Einarmrakel ist am oberen Ende des Drucktischs befestigt und läuft parallel zum Tisch auf einer Schiene. Sie läßt sich leichter handhaben als eine Handrakel, ist bei langen Druckvorgängen weniger ermüdend und kann nicht in die Farbe fallen. Ein Irisdruck (*siehe S. 70*) läßt sich damit allerdings nicht so einfach bewerkstelligen, und man kann auch nicht an einzelnen Stellen, an denen die Schablone Schwierigkeiten bereitet, fester aufdrücken. Eine Handrakel sollte man nicht in die Einarm-Konstruktion einspannen, da sie durch den stärkeren Druck beschädigt werden kann.

Die Mehrblattrakel ist sowohl für das Arbeiten von Hand wie für die Einarm-Konstruktion geeignet, da die Rakelgummis über die ganze Länge zwischen Metallplatten befestigt sind. Die Mehrblattrakel läßt sich zum Reinigen auseinandernehmen, doch es ist praktischer, sie vor dem Arbeiten abzukleben. Sehr vorteilhaft an der Mehrblattrakel ist die Möglichkeit, mehrere kleine Blätter einspannen zu können, da man dadurch bei einem Druckvorgang mit verschiedenen Farben arbeiten kann.

Handrakel
An dem Holzgriff (*oben*) ist in einer Nut ein flexibles Gummiblatt befestigt.

Mehrblattrakel
Bei dieser Art Rakel (*Mitte*) wird das Blatt zwischen Metalleisten befestigt. Man kann auch eine Reihe kleiner Blätter einsetzen und so bei einem Arbeitsgang mehrere Farben drucken. Diese Rakel ist für Hand- und Einarmdruck geeignet.

Einarmrakel
Die Einarmrakel (*links*) ist an der Rückseite des Drucktisches befestigt und läuft auf einer Schiene parallel zur Vorderkante. Mit dieser Rakel lassen sich auch hohe Auflagen relativ mühelos bewältigen.

Verschiedene Blattypen
Rakelblätter aus Gummi müssen häufig geschärft werden; Polyurethan bleibt länger scharf. Eine Handrakel wird meist mit einem weichen Blatt versehen *(unten)*. Für die Einarmrakel verwendet man häufig Polyurethan-Blätter *(oben)*. In die Mehrblattrakel *(Mitte)* kann man gleichzeitig mehrere Blätter einspannen.

Abkleben des Rakelblatts
Durch das Abkleben *(oben)* läßt sich die Rakel besser säubern. Außerdem gerät die Farbe nicht in die Griffnut, von wo aus sie beim nächsten Druckvorgang wieder herauslaufen könnte.

Schärfen des Rakelblatts
Das Rakelblatt sollte immer scharf sein. Man kann sich aus Holz und Sandpapier selbst eine Rakelschleifeinrichtung bauen, oder aber ein professionelles Gerät verwenden. Hier *(Mitte)* ist eine selbstgebaute Maschine abgebildet.

DAS RAKELBLATT

Das Blatt der Rakel besteht entweder aus Gummi oder aus Polyurethan. Gummi ist zwar billig, wird aber schnell stumpf, die Kunststoffkante hingegen bleibt wesentlich länger scharf. Für beide Arten gibt es drei verschiedene Blattstärken: hart, mittel und weich. Harte Blätter verwendet man für Drucke auf vollkommen glatten Oberflächen, die keine Farbe aufsaugen, wie Glas, Plastik oder beschichtetem Karton, und bei denen man ganz leichtes Verwischen tolerieren kann. Rakelblätter mit mittlerer Biegsamkeit werden oft in Einarmrakeln oder Rakelautomaten eingespannt. Man benutzt sie für alle saugfähigen Oberflächen, die mit stärkerem Druck bearbeitet werden. Weiche Blätter sind ideal für Handdrucke, da sie sich Unregelmäßigkeiten in der Druckunterlage anpassen und gut auf veränderten Druck reagieren. Dies ist bei schwierigen Partien besonders günstig.

Andruckwinkel
Die Dicke des Farbauftrags wird durch den Winkel bestimmt, in dem man die Rakel hält. Je steiler man das Blatt ansetzt, um so dünner wird die Farbschicht *(links)*; je schräger das Blatt steht, um so dicker wird die Farbe gedruckt *(rechts)*.

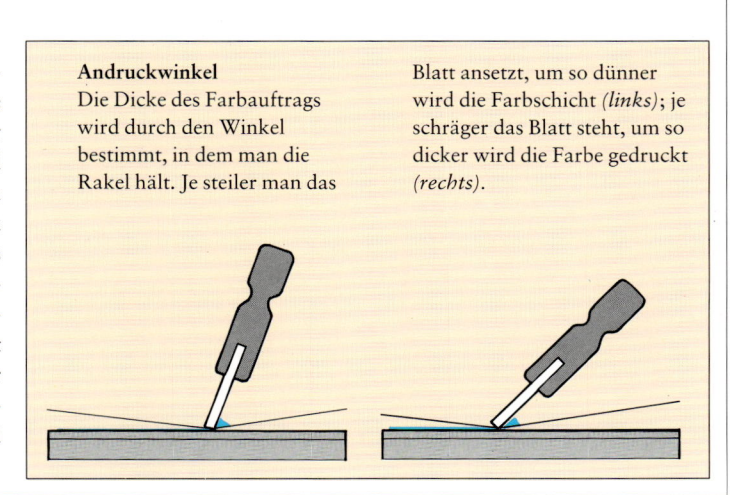

Papier für den Druck

Der gebräuchlichste Bedruckstoff für Kunstdrucke ist nach wie vor Papier, auch wenn andere Materialien ebenfalls verwendet werden. Zwar haftet Druckfarbe auf den meisten Papier- und Kartonarten, aber es empfiehlt sich trotzdem, ein neues Papier vor dem Drucken erst auf Abnutzungseigenschaften und Haftfähigkeit zu überprüfen.

Da es so viele verschiedene Arten von Papier gibt, sollte man sich zunächst ganz allgemein mit den Eigenschaften dieses Materials beschäftigen. Grundsätzlich unterscheidet man zwei Papierarten: handgeschöpftes und maschinell hergestelltes Papier. Preise und Anwendungsbereiche gehen hier schon weit auseinander.

OBERFLÄCHE

Papiere unterscheidet man unter anderem nach ihrer Oberflächenstruktur. Dabei ist eine Vielzahl von Abstufungen von völlig glatt bis sehr rauh möglich.

Der Leimvorgang bei der Papierherstellung bestimmt die Saugfähigkeit des Produkts. Je höher die Saugfähigkeit ist, desto leichter verschmiert die Farbe, und es besteht die Gefahr, daß Einzelheiten verwischen. Am meisten saugfähig ist ungeleimtes, sogenanntes Wasserpapier. Siebdrucke werden allerdings meist auf innenverleimtem Papier ausgeführt, das ziemlich formbeständig ist und nur wenig Druckfarbe aufnimmt, wodurch auch Details gut herauskommen. Innenverleimtes Papier ist auch stark fettabweisend und leicht zu säubern. Notfalls kann man die Saugfähigkeit dadurch verringern, daß man das Papier mit einer transparenten Grundierung überzieht, bevor die Farben aufgetragen werden.

STRUKTUR

Die Struktur des Papiers wird durch die Richtung der Fasern bestimmt und wirkt sich auch auf die Qualität des fertigen Drucks aus. Bei handgeschöpften Papieren verlaufen die Fasern in allen Richtungen. Es ist stark und lichtecht, und die Farben werden hervorragend aufgelöst. Leider ist handgeschöpftes Papier sehr teuer. Außerdem wird es für gewöhnlich nur in kleinen Mengen hergestellt, und jeder Bogen fällt qualitativ anders aus. Für eine hohe Auflage ist es deshalb nicht geeignet. Allerdings hat es den Vorteil, daß man es schon bei der Herstellung pigmentieren kann. Die Herstellung von Maschinenbütten imitiert die Arbeitsgänge des Handschöpfers, nur daß rotierende Maschinenzylinder eine gleichmäßigere Qualität erzeugen, als dies von Hand möglich ist. Die Fasern laufen bei diesem Papier immer in eine Richtung, die durch die Maschine, in der es hergestellt wird, festgelegt ist. Bei längsgemasertem Papier verlaufen die Fasern parallel zur Längsseite des Bogens, bei quergemasertem parallel zur Breitseite.

WEITERE UNTERSCHEIDUNGSMERKMALE

Handgeschöpftes Papier weist an allen vier Seiten einen rauhen, unbeschnittenen, sogenannten Büttenrand auf. Maschinenbütten hingegen nur an den beiden äußeren Maschinenrändern. Ein echter Büttenrand verläuft parallel zur Faserrichtung. Bei Imitationen oder gerissenen Rändern bilden Faserverlauf und Rand einen rechten Winkel.

Jeder Bogen Papier hat eine Ober- oder Filzseite und eine Unter- oder Siebseite. Bei der Herstellung werden Papiere oft mit einem Wasserzeichen versehen. Normalerweise druckt man auf die glattere Filzseite, so daß das Wasserzeichen nicht spiegelverkehrt erscheint.

Handgeschöpftes Papier
David Hockney experimentierte in den siebziger Jahren mit selbstgemachtem Papier. *Sprungbrett mit unbewegtem Wasser auf blauem Papier* (1978) stammt aus einer Reihe von Drucken auf Papier, bei dem bereits der Papierbrei mit Farben versetzt worden war. Vor dem Pressen wurde er in vorgeformte Modeln gegossen. Dadurch wurde schon das Papier an sich Teil des Bildes.

GEWICHT UND FORMAT

Beim Drucken gilt es, auch das Papiergewicht zu bedenken. Ein großer Bogen muß auch entsprechend schwer sein, damit man richtig damit umgehen kann. Das Gewicht von Papier wird in Gramm pro Quadratmeter (g/m²) angegeben (Quadratmetergewicht). Berechnet wird das Gewicht, indem man 1 000 Blatt Papier von einem Qudratmeter Größe wiegt. 1 000 Bogen 400 g/m²-Papier wiegen demnach vier Kilogramm. Zwar gibt es ganz verschieden schweres Papier, doch für die meisten Kunstdrucke verwendet man Blätter zwischen 250 g/m² und 400 g/m². Papier,

DIE WAHL DES RICHTIGEN PAPIERS

Für die verschiedenen Arbeitsvorgänge im Atelier wie auch für das Drucken selbst verwendet man maschinell hergestelltes Papier. Am weitesten verbreitet ist dabei Zeitungspapier. Man benutzt es zur Herstellung von Schablonen, zur Abdeckung der Siebe oder Vakuumrahmen, zur Verarbeitung von Fotoschablonen, zum Trocknen nasser Siebe, zur Säuberung nach dem Drucken und zur Erprobung der Druckqualität. Auch Karton- und gestrichenes Papier werden ständig benötigt. Kartonpapier ist relativ billig und eignet sich gut für Probedrucke. Plakatpapier ist ziemlich dünn und wird, wie der Name schon sagt, hauptsächlich für Plakate verwendet. Kunstdruck-Poster werden allerdings meist auf matt gestrichenem Papier gedruckt. Es gibt mehr als 600 verschiedene Arten von gestrichenen Papieren und Kartons in praktisch allen Farben – metallisch, spiegelnd, strukturiert, prismatisch und hochglänzend. Man verwendet diese Papiere für besondere Effekte.

Kunstdrucke lassen sich auf jedem Untergrund oder jeder Oberfläche herstellen, solange man die passende Farbe wählt, die Schablone für das Bild geeignet ist und die Beschaffenheit des Siebs mit der verwendeten Farbe übereinstimmt.

Papier mit Büttenrand

Wenn ein Papier an den Kanten ›ausgefranst‹ ist, bezeichnet man das als Büttenrand. Handgeschöpftes Papier hat an allen vier Seiten diesen Büttenrand, maschinell hergestelltes nur an zwei.

das schwerer als 400 g/m² ist, wird immer unhandlicher. So läßt es sich beispielsweise für den Postversand schlecht zusammenrollen.

Papier ist in ganz verschiedenen Formaten erhältlich. Grafisches oder maschinengefertigtes Papier – Zeitungspapier, Plakat- und Zeichenkarton – kommt in DIN-Größen auf den Markt. Es gibt allerdings auch Rollen von bis zu 150 cm Breite. Beim Druckformat sollte man jedoch bedenken, daß die meisten Galerien weder über die Ausstellungsflächen, noch den entsprechenden Lagerraum oder die richtigen Rahmen für sehr große Drucke verfügen.

SÄUREGEHALT

Säure entsteht durch Unreinheiten oder Rinde im Papierbrei. Hadernpapier ist nahezu säurefrei. Säure macht das Papier spröde, es wird brüchig und die Farben bleichen aus. Der Säuregehalt im Papierbrei legt den pH-Wert fest, wobei säurefrei mit der Zahl sieben oder darüber bezeichnet wird. Auch wenn man Drucke aufbewahrt und zwischen die einzelnen Bögen Papier legt, sollte dieses säurefrei sein, denn die Säure breitet sich aus und zerstört die Drucke.

Druckfarben und Lösungsmittel

E s gibt so viele Farben, wie es Untergründe gibt, auf die man drucken kann. Jede Farbe, die man im Handel bekommt, ist mit Gebrauchshinweisen versehen, so daß wir uns in diesem Kapitel ganz allgemein auf die Eigenschaften von Farben beschränken können.

FARBEN AUF ÖLBASIS

Traditionell werden die meisten Kunstdrucke mit Farben auf Ölbasis hergestellt. Für gewöhnlich sind diese mattglänzend, ziemlich schlagfest und von sehr hoher Pigmentqualität. Beschaffenheit und Trockenzeit lassen sich durch das jeweilige Verdünnungsmittel beeinflussen. Farben können langsam-, mittel- (= Standard) und schnelltrocknend sein. Schnell- und Standardverdünner verwendet man beispielsweise beim Drucken mit einer halbautomatischen Presse, die eine entsprechend kurze Trockenzeit verlangt und die Verwendung eines Durchlauftrockners ermöglicht. Bei Handdrucken erlaubt ein langsamer Verdünner ein ruhigeres Drucken, und man hat zwischendurch noch Zeit, jeden Abzug zu begutachten, ohne daß die Farbe im Sieb eintrocknet. Die Konsistenz der Farbe hängt von der Fadenzahl des Siebgewebes ab. Für ein Durchschnittssieb (62, 77, 90) sollte die Farbe etwa so flüssig wie Motoröl sein, bei geringerer Fadenzahl etwas dicker, so wie Sirup. Eine überdurchschnittlich hohe Fadenzahl erfordert eine Verdünnung auf die Konsistenz von flüssiger Sahne.

DRUCKLACKE

Man kann matte Ölfarben mit glänzenden oder seidenmatten Lacken überdrucken, um der Oberfläche eine andere Eigenschaft zu verleihen. Seidige und leicht glänzende Drucklacke gewinnt man normalerweise aus Farben auf Lösungsmittel- oder Zellulosebasis. Für einen wirklichen Glanzeffekt braucht man Oxidationsfarbe oder Lack. Dabei ist allerdings zu bedenken, daß diese durch chemische Reaktionen trocknen. Man muß die Bilder also 24 Stunden aufgestellt lassen und kann keinen Durchlauftrockner verwenden.

Farben und Lösungsmittel
Die Abbildung gibt nur einen kleinen Eindruck von der Vielfalt an Farbtönen und Beschaffenheiten (man beachte die Goldglitzerfarbe ganz links). Für die verschiedenen Druckverfahren und die unzähligen Effekte benötigt man eine große Bandbreite unterschiedlicher Fabrikate und Sorten.

YURIKO
Kraniche

Der zeitgenössische japanische Druck greift auf traditionelle Motive zurück. Um das Spiegeln und die Bewegung des aufspritzenden Wassers auszudrücken, wurde moderne Glitzerfarbe eingesetzt. Es gibt heutzutage unzählige Farben, mit denen der Künstler jeden gewünschten Effekt bewerkstelligen kann.

Will man Farben verschiedener Sorten mischen oder übereinanderdrucken, empfiehlt es sich auf alle Fälle, vorher zu prüfen, ob sie sich miteinander ›vertragen‹. Manchmal eignet sich eine Farbe, die für eine bestimmte Art Papier entwickelt wurde, auch gut für ein anderes. Matte Vinylfarbe zum Beispiel, die eigentlich für das Bedrucken von Plastik gedacht ist, weist auf Papier eine wesentlich mattere Eigenschaft auf als jede andere Druckfarbe. Derartige Möglichkeiten laden zum Experimentieren ein.

Zum Abtönen von transparenten Farben oder Lacken verwendet man am besten Universalabtöner oder Lasurfarben, da diese ebenfalls transparent sind. Abtöner eignen sich auch gut zur Qualitätsverbesserung von Druckfarben, da sie über einen hohen Pigmentanteil verfügen.

Mit Metallpulver kann man silberne, goldene oder bronzefarbene Lacke mischen. Im Prinzip eignet sich dazu jedes mineralische Pulver. Eine Bleistiftlinie läßt sich mit Hilfe von Graphitpulver in einer metallischen Grundfarbe erzielen. Im Fachhandel gibt es eine Reihe von Farben mit bestimmten Spezialeffekten. Dazu gehören beispielsweise Farben mit Perlmuttschimmer oder elastische und glitzernde Farben.

FARBEN AUF WASSERBASIS

Farben auf Wasserbasis, wie man sie in Schulen verwendet, haben den großen Nachteil, daß das Bedruckpapier das Wasser aufsaugt und dabei etwas aufquillt. Doch aus Umweltschutzgründen sind die Farbenhersteller gezwungen, neue Produkte zu entwickeln, bei denen dieses Problem gelöst ist.

Der Vorteil von Farben auf Wasserbasis liegt auf der Hand: Aufgrund der Wasserlöslichkeit lassen sich alle Gerätschaften wesentlich einfacher reinigen, als das bei Ölfarben der Fall ist. Bei der Verwendung von Farben auf Wasserbasis ist es allerdings besonders wichtig, das geeignete Schablonenmaterial auszuwählen (*siehe S. 40*).

Der Entwurf des Bildes

Es gibt zahllose Methoden, ein Siebdruckprojekt anzugehen. Für den unerfahrenen Drucker empfiehlt es sich jedoch, zunächst einmal eine oder zwei der gebräuchlichsten auszuprobieren. Eine Möglichkeit besteht darin, Vorstellungen zunächst als Skizze oder Abfolge einzelner Bilder zu Papier zu bringen und daraus eine Vorlage zu entwickeln, die sich drucken läßt. Man sollte sich dabei immer die speziellen Eigenheiten des Druckverfahrens vor Augen halten: Jede Farbe wird einzeln und flächig mit einer eigenen Schablone aufgetragen. Wie bei der Gouache-Malerei steht also jede Farbe für sich, außer man mischt sie (siehe S. 64). Schon bei den Skizzen gilt es, das zu bedenken, denn sobald man zwei oder mehr Farben benötigt, stellt sich das Problem der Passergenauigkeit (siehe S. 64). Passerprobleme können durch wohlüberlegte Entwürfe gering gehalten werden. Beispielsweise kann man an sich häßliche Überlappungen, die durch Passerungenauigkeiten entstehen, absichtlich vergrößern, sie mit Lasurfarbe bedrucken und damit in den Gesamteindruck integrieren. Durch die Verwendung transparenter Farben verbreitert sich das Tönungs- und Farbspektrum eines Drucks, und man braucht weniger Schablonen. Nach der Skizze sollte man eine originalgroße Strichzeichnung anfertigen und die einzelnen Farbpartien darin kenntlich machen. Die Farbparameter sind Grundlage für die Form der Schablonen und Größe und Position der sich überschneidenden Partien.

Eine zweite Methode gibt mehr Raum für Zufallswirkungen und kann deswegen aufregender und spannender sein. Man beginnt dabei mit einer Schablone, die man intuitiv herstellt und in irgendeiner Farbe, die einem gut gefällt, druckt. Jede weitere Schablone und Farbe wird, entsprechend den Vorstellungen und Einfällen des Künstlers, spontan gewählt. Die einzelnen Stufen entwickeln sich immer aus den vorhergehenden. Sowohl Unikate als auch limitierte Auflagen lassen sich auf diese Art herstellen.

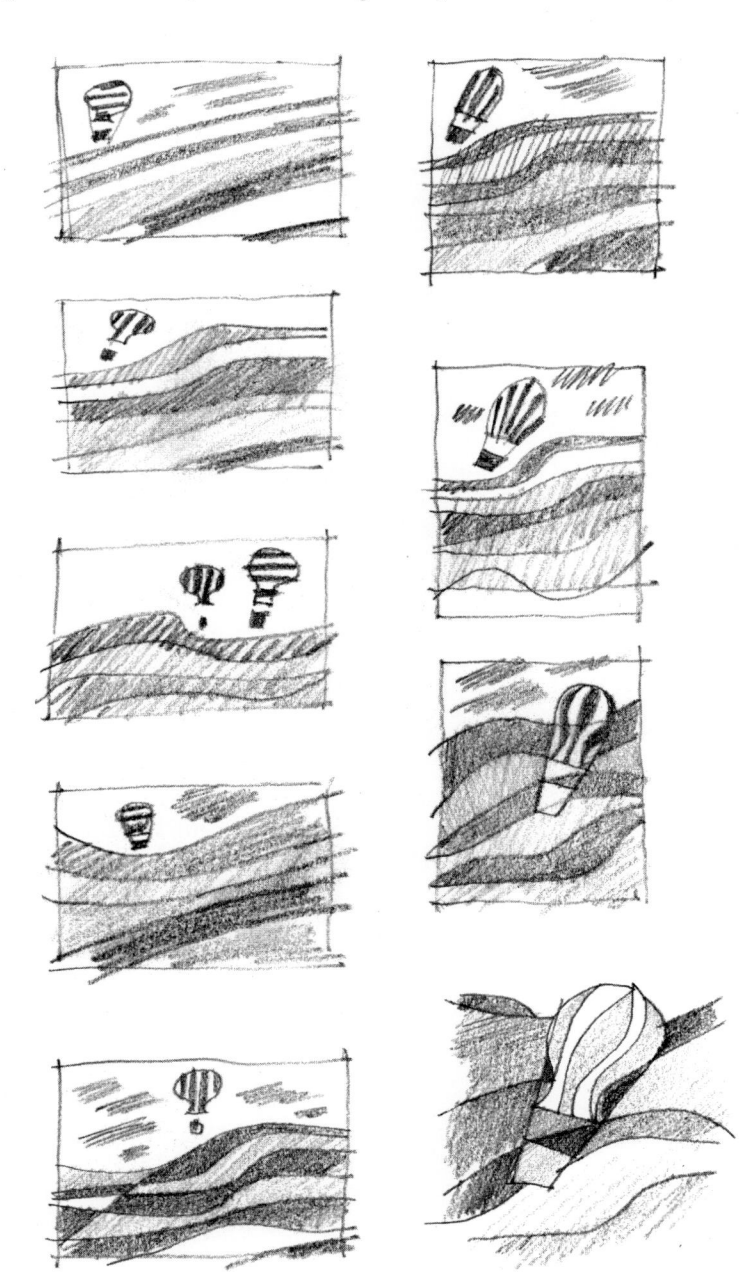

Ausprobieren einer Bildidee
Auf diesen beiden Seiten ist die Entwicklung eines Drucks von Raymond Spurrier abgebildet. Der Künstler sagte dazu: »Die Idee hatte ich, als ich an einem Spätsommertag über Land fuhr. Ich wollte daraus ein Bild machen, das ich mit einer einfachen Handdruckausrüstung verwirklichen und nur nach Augenmaß einrichten konnte.

Mit kleinen Skizzen probierte ich verschiedene kompositorische Möglichkeiten aus (links). Die Plazierung der nebeneinanderliegenden Farben hätte ein sehr sorgfältiges Schablonenschneiden erfordert und einen Grad an Passergenauigkeit, der unter diesen Umständen unmöglich zu erreichen war. Das bedeutete, daß ich in meinem Entwurf die Überschneidung der Farben miteinbeziehen mußte. Deswegen abstrahierte ich noch weiter und vergrößerte die einzelnen Farbpartien.«

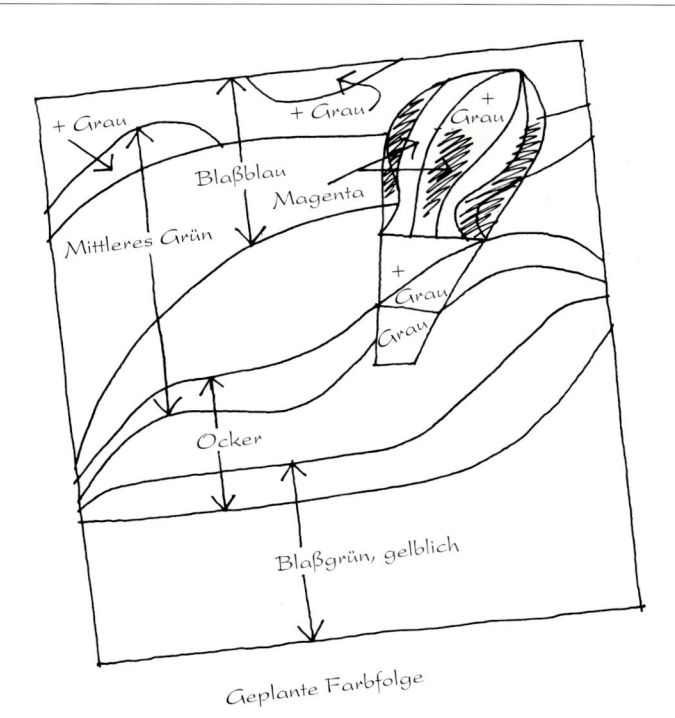

Geplante Farbfolge

Festlegung und Ausführung

Nachdem ihm ein zufriedenstellender Entwurf gelungen war, fertigte der Künstler eine größere Konturenzeichnung an und verteilte darin die Farben, bzw. die wirksamsten Stellen für Überschneidungen. Auf der Zeichnung kann man erkennen, daß er die sieben verschiedenen Farbstreifen der Landschaft mit nur vier Transparentfarben druckte: Blau, Hellgrün, Dunkelgrün und Ocker. Außerdem erforderten die vier Farben nur zwei Schablonen. Blau und Ocker hatten genügend Abstand voneinander, so daß man sie aus derselben Schablone schneiden konnte. Dabei wurde das Ocker abgedeckt, während er Blau druckte, und umgekehrt. Die beiden Grüntöne entstanden ähnlich. Der Ballon ist in Magenta gehalten, damit er sich von der Landschaft abhebt; das Hellgrau für die Streifen taucht auch an anderen Stellen auf. Unten ist der fertige Druck *Spätsommer-Ballon* abgebildet.

Teil Drei

DIE KUNST DER SCHABLONENHERSTELLUNG

Die Schablone ist das Medium, mit Hilfe dessen man eine Idee, eine Zeichnung, ein Gemälde, eine Fotografie oder ein bereits vorhandenes Originalbild interpretiert, in eine Form überträgt, die sich drucken läßt, und die Vorlage somit künstlerisch weiterentwickelt.
Man unterscheidet grundsätzlich zwei Arten von Schablonen: manuell hergestellte, die direkt auf das Sieb aufgetragen werden, und fotomechanisch angefertigte. Letztere erfordern eine Kopiervorlage (Dia), um das Druckmotiv auf das Sieb zu übertragen.

Geschnittene oder gerissene Papierschablonen

Schablonen aus Papier sind am einfachsten herzustellen und zu verwenden. Sie können aus dünnem Papier, wie Zeitungs-, Paus- oder Butterbrotpapier sein und werden an der Siebunterseite mit Druckfarbe oder Klebstreifen befestigt. Schneidet oder reißt man beispielsweise ein Loch in die Mitte von einem Stück Zeitung und verwendet dieses als Schablone, erhält man ein Bild im Positivdruck. Negativdrucke entstehen, wenn man ausgeschnittene oder gerissene Papierstücke auf die Druckunterlage legt und das Sieb herunterläßt. Mit der Rakel hindurchgestrichene Farbe sorgt dafür, daß die Schablone am Sieb festklebt. Bei komplizierteren Motiven mit unverbundenen Teilen (z.B. freistehenden Innenformen von Buchstaben) sollte man die einzelnen Stücke mit Siebfüller oder Farbe am Gewebe befestigen und diese trocknen lassen, bevor man den Druck durchführt. Fundmaterialien wie Zierdeckchen, durchbrochene Gewebe oder Stanzformen mit menschlichen Figuren eignen sich gut als Schablonen.

Papierschablonen haben allerdings den Nachteil, daß sie ziemlich schnell kaputtgehen. Dennoch kann man eine relativ hohe Auflage drucken, solange die Farbe nicht zu dünn ist (die Konsistenz von Motoröl ist in etwa richtig) und man ein weiches Rakelblatt verwendet. Für sehr grobe Siebgewebe sind Papierschablonen weniger geeignet, da das Schablonenpapier nicht so gut haftet und das Druckbild sich verschieben kann. Andererseits darf das Siebgewebe auch nicht zu fein sein, damit die Farbe gut durchdringen kann und das Papier am Sieb haften bleibt. Günstig sind Gewebefeinheiten zwischen 42 T und 90 T.

Schablone aus gerissenem Papier
Bei dieser einfachsten Art des Druckens wurde ein Rechteck aus einem Stück Zeitungspapier herausgerissen und mit Klebeband an der Siebunterseite befestigt (oben). Die Figur und die vier Symbole sind unverbundene Teile und haften nur durch die Druckfarbe am Sieb.

MICHAEL POTTER
Gartenzimmer

Im Gegensatz zu der einfachen Schablone oben liegt diesem anspruchsvollen Druck eine komplizierte Technik zugrunde: Mit einer Fotoschablone erstellte Bildelemente wurden mit verschiedenen Farben und handgefertigten Schablonen flächig überdruckt.

Abdeckschablonen

Seit Ende des letzten Jahrhunderts malt man Schablonen mit einer Abdeckflüssigkeit (z. B. Siebfüller) direkt auf das Gewebe. Lange Zeit war dies die gebräuchlichste Art der Schablonenherstellung überhaupt. Derart angefertigte Schablonen verlangen im allgemeinen vom Künstler, daß er negativ arbeitet, das heißt, ein Pinselstrich auf dem Sieb erscheint im Druck als Negativbild. Man kann den ganzen Vorgang vereinfachen, indem man die Konturen mit einem weichen Bleistift auf das Sieb zeichnet und damit festlegt, was ausgemalt werden muß. Scharfe Ränder und Linien bekommt man durch einen Klebstreifen und indem man die Abdeckflüssigkeit mit einem Stück Karton aufträgt. Füller sind für gewöhnlich wasserlöslich (für Farben auf Öl- oder Lösungsmittelbasis) oder alkoholhaltig (Farben auf Wasserbasis).

SIEBFÜLLER

Siebfüller verwendet man normalerweise zum vorherigen Abdecken von Randstreifen und zum Ausbessern fehlerhafter Fotoschablonen

Schablonenrand mit Siebfüller
Als erstes zieht man mit einem weichen Bleistift den Rand und markiert die Flächen, die abgedeckt werden müssen. Dann wird der Füller auf der Siebunterseite mit einer Papprakel aufgetragen. Man beginnt an der Ecke, die einem am nächsten ist und zieht die Rakel den Rahmen entlang (*oben*). Nach zwei Minuten dreht man ihn um und behandelt die andere Seite genauso. Damit das Sieb nicht am Tisch festklebt, braucht man eine Unterlage für den Rahmen.

für lösemittelhaltige Farben. Es gibt unterschiedliche Siebfüller und Siebkorrekturlacke auf wasserlöslicher Basis. Solche, die nicht so schnell trocknen, sind ideal für Abdeckungen oder zum Malen, Retuschieren oder Ausbessern von Schablonen, bevor man mit dem eigentlichen Druckvorgang beginnt. Zur Schablonenherstellung ist ein Siebfüller gut geeignet, der langsam trocknet und sich gut verdünnen läßt, so daß man mit ihm auf das Sieb malen, sprühen oder tupfen kann. Wasserlösliche Siebfüller können mit Wasser verdünnt werden. Ein paar Tropfen Geschirrspülmittel machen sie gleitfähiger. Die Trockenzeit verringert sich, wenn man dem Wasser fünf bis zehn Prozent Brennspiritus zusetzt.

Verwendet man wasserlösliche Druckfarben, braucht man ein Abdeckmittel aus einer Schellack/Brennspiritus-Mischung (Schellackpolitur). Zwar ist dieses Füllmaterial nach dem Trocknen schwer wieder zu entfernen, aber es eignet sich sehr gut für feine Pinselarbeiten und trocknet sehr schnell.

Bei jeder Art von Abdeckflüssigkeit ist es wichtig, die Konsistenz auf das Siebgewebe abzustimmen. Je dünner die Flüssigkeit ist, um so feiner muß auch das Gewebe sein. Sehr grobe Gewebearten eignen sich nicht für Abdeckschablonen; sie sind die Ursache für den sogenannten Sägezahneffekt, das heißt, die Konturen auf dem fertigen Druckbild werden unscharf, weil das Abdeckmittel die Gewebemaschen nicht perfekt überquert und sich dem Fadenverlauf anpaßt. Manchmal empfiehlt es sich, mit mehreren dünnen statt mit einer dicken Schicht Abdeckmittel zu arbeiten.

Siebfüller lassen sich mit einem Pinsel, einer Papprakel, einem Schwamm oder auch einem Stück Stoff auftragen, um jeweils bestimmte Strukturen zu erhalten. Man kann auch eine Spritzpistole mit verdünntem Siebfüller laden und das Material auf das Sieb sprühen. Praktisch von jeder Oberfläche, die vorher mit Siebfüller eingewalzt wurde, läßt sich ein Abklatschbild herstellen. Ganz gleich, welche Methode man wählt, sollte das Siebgewebe auf die Detailgenauigkeit des Auftrags abgestimmt sein. So ist es beispielsweise nicht sinnvoll, feine Punkte auf ein sehr grobes Sieb zu sprühen. Für Abdeckschablonen eignen sich Gewebestärken zwischen 48 T und 150 T.

ZELLULOSE-SIEBFÜLLER

Ein außerordentlich hilfreiches Material für Korrekturen an fertigen Schablonen ist der Zellulose-Siebfüller. Da er weder wasser- noch lösemittellöslich ist, kann man mit ihm Schablonen aus allen möglichen Materialien vor dem Druck noch verändern oder ausbessern. Nach dem Drucken läßt sich dieser Füller mit einem Zellulose-Lösungsmittel entfernen und die Schablone zeigt wieder ihre ursprüngliche Form.

Zellulose-Siebfüller eignet sich auch gut, wenn man ein Negativbild von einer Schablone benötigt. Dabei stellt man zunächst eine Schablone mit einem wasserlöslichen Füller her. Anschließend trägt man mit der Rakel Zellulosefüller auf das Sieb auf und läßt diesen trocknen. Nun entfernt man die erste Schablone mit Wasser und hat jetzt statt dessen als genaues Gegenbild dazu eine neue Schablone.

ABDECKEN MIT SCHNEIDERKREIDE

Dies ist eine Möglichkeit, bestehenden Schablonen Textur zu verleihen. Man streut dabei Schneiderkreide durch ein Sieb direkt auf die Druckunterlage. Dies kann ganz willkürlich geschehen, oder man streut über ausgeschnittene Formen. Anschließend senkt man behutsam den Druckrahmen auf die Kreide und streicht mit der Rakel Farbe über das Siebgewebe. Dabei werden die Kreidekörnchen aufgenommen und ergeben ein Negativbild mit strukturierter Oberfläche.

Auswaschschablonen

D ie Tusche-Leim-Auswaschschablone ist schon seit jeher sehr beliebt, da sie dem Künstler erlaubt, mit Positivbildern zu arbeiten – das heißt, jedes Motiv auf dem Sieb erscheint genauso im Druckbild. Jeder Drucker, der mit dieser Methode gearbeitet hat, weiß allerdings, daß sie nur selten befriedigende Ergebnisse liefert. Das liegt hauptsächlich an den glatten Fäden der modernen Siebgewebe und daran, daß sich die handelsüblichen Abdeckmittel oft nicht sauber ablösen, wenn die Tusche entfernt wird. Seide eignet sich als Siebmaterial in diesem Fall besser als Nylon oder Polyester, da ihre Fasern mehrdrig und unregelmäßig sind. Wenn man keine Seide bekommen kann, empfiehlt sich auf alle Fälle ein Multifilamentgewebe. Die Gewebefeinheit sollte zwischen 48 T und 90 T liegen. Die traditionellen Materialien für diese Methode sind fetthaltige Tuschen und Kreiden sowie Gummiarabikum. Als Alternative kann man auch Siebdruckfarbe (anstelle von Tusche) und Siebfüller, der mit fünf Prozent Essigsäure verdünnt ist (anstelle von Gummiarabikum), verwenden.

1

2

3

Tusche-Leim-Auswaschschablone
Bei dieser Druckmethode malt man mit Lithotusche, einer schwarzen, wachsartigen Farbe, auf die Sieboberseite. (1) Man trägt die Tusche mit Pinsel, Schwamm oder Lappen auf das feine Seidensieb auf und läßt sie trocknen. (2) Dann verteilt man darüber einen Leim, üblicherweise Gummiarabikum, und läßt auch diesen trocknen. (3) Mit einem Tuch wird Terpentin in beide Siebseiten eingerieben. Dadurch lösen sich die fetthaltige Tusche und der Leim an den Stellen, wo er sie bedeckt. Die zuvor mit Tusche bedeckten Partien sind jetzt frei und lassen Druckfarbe hindurch.

Schneidefilmschablonen

Bei dieser Methode werden die Schablonen aus einer selbstklebenden Filmschicht herausgeschnitten, die auf einem ablösbaren Träger haftet. Dieses Verfahren löst das Problem der freien unverbundenen Teile, da die Trägerschicht sie zusammenhält, bis sie am Sieb befestigt sind. Auch auf groben Sieben mit einer Fadenzahl von 16 T (für Glitzerfarbe) deckt diese Art von Schablone noch zuverlässig ab. Genauso geeignet ist sie aber auch für ganz feine Siebe von 180 T. Es gibt drei verschiedene Arten von selbstklebendem Film, die für Schneidefilmschablonen geeignet sind; einer ist aufbügelbar, einer ist auf Lösungsmittelbasis aufgebaut und einer ist wasserlöslich.

Aufbügelfilme sind zwar am billigsten, aber sie lassen sich auch am schwierigsten am Sieb befestigen. Sie eignen sich meist für Farben auf Lösungsmittel- oder Ölbasis, bei manchen Fabrikaten kann man auch mit wäßrigen Farben arbeiten. Für diese Art von Film benutzt man am besten Multifilamentgewebe, wie beispielsweise Organdy oder Seide. Lösungsmittelfilme eignen sich für Farben auf Ölbasis und für wäßrige Farben. Wasserlösliche Filme nimmt man für Farben auf Lösungsmittel- oder Ölbasis, jedoch nicht für wäßrige Farben.

DAS SCHNEIDEN DES FILMS

Alle Schneidefilme bestehen aus einer Schablonenschicht (Film- oder Schneideschicht), die auf einer Trägerschicht aufgebracht ist. Es gibt zwei Arten von Schneidefilmschablonen: Die einen haften sehr fest an der Trägerschicht, wodurch sich Fehler besser korrigieren lassen; die anderen lösen sich leichter ab, lassen sich aber nach einem Verschneiden nicht wieder ankleben.

Das Schneiden der Schablone erfolgt in der oberen Schicht. Dabei werden die Partien entfernt, die im Druck erscheinen sollen. Man muß sorgfältig darauf achten, nicht in die Trägerschicht zu schneiden, andernfalls verschiebt sich eventuell die Schablone beim Anbringen am Sieb oder sie läßt sich nicht mehr gut befestigen. Voraussetzung für einwandfreies Arbeiten ist eine scharfe Messerklinge. Ein scharfes Schneidewerkzeug durchtrennt die erste Filmschicht allein durch sein Gewicht, ohne die Trägerschicht zu verletzen. Ideal ist ein Skalpell, mit dem man aber vor allem beim Auswechseln der Klingen sehr vorsichtig umgehen muß.

Die fertige Schablone wird an der Siebunterseite befestigt (siehe gegenüberliegende Seite). Zuvor muß man allerdings das Sieb entsprechend den Herstellerhinweisen (siehe S. 26) behandeln und von allen Fettspuren säubern.

Maskierfilme ähneln zwar in ihrem Aufbau den Schneidefilmen, sind aber, wenn man ihre Funktionsweise betrachtet, das Gegenteil davon. Ein Maskierfilm bildet eine von Hand geschnittene Kopiervorlage für die Fotoschablone, entspricht also einem Diapositiv. Die Teile der Filmschicht, die auf der Trägerschicht stehenbleiben, bilden in der Fotoschablone die druckenden Teile.

Das Schneiden des Films
Gerade Linien und sanfte Bögen schneidet man am besten mit einer festen Klinge in flachem Winkel (*links*). Für schwierigere Konturen und feine Details nimmt man ein Messer mit drehbarer Klinge, die immer senkrecht zur Unterlage gehalten wird (*rechts*). Scharfe Ecken erhält man durch Überschneidungen; sie erleichtern auch das Abheben des Films.

ÜBERTRAGEN DER SCHNEIDEFILM-SCHABLONE AUF DAS SIEBGEWEBE

1 Die Schablone wird mit der Schnittseite nach oben auf eine dünne, leicht erhabene Unterlage plaziert, wobei diese kleiner sein muß als die Innenmaße des Siebrahmens, den man darüberlegt. Das Schablonenmaterial muß durch das Siebgewebe hindurch angelöst werden, damit es haftet. Hier ist es ein wasserlöslicher Film, deswegen wird die Schablone mit einem Schwamm befeuchtet. Nimmt man zuviel Wasser, besteht die Gefahr, daß die Ränder sich verziehen.

2 Die Schablone haftet besser, wenn man auf die Sieboberseite einen Bogen Papier (am besten Zeitungspapier) legt und mit einem weichen Gummi- oder Plastikroller darüberwalzt. Das überschüssige Wasser wird dabei vom Papier aufgesogen und das Sieb an die Schablone gepreßt. Zu stark darf der Druck allerdings auch nicht sein, weil sich die Schablone ansonsten verzerrt und feine Aussparungen verschlossen werden.

3 Wenn die Schablone vollkommen getrocknet ist (man kann mit einem Warmluftgebläse aus etwa einem Meter Abstand von der Siebinnenseite nachhelfen), wird die transparente Trägerschicht vorsichtig abgezogen.

PATRICK CAULFIELD
Lampe und Kiefern

Die schwarzen Linien in diesem Druck sind
fotomechanisch hergestellt, die darunter liegenden
Farben wurden mit Hilfe einer Schneidefilmschablone
gedruckt. Für den Lampenschirm hat man die Farben
direkt auf dem Sieb gemischt, wodurch jeder Abzug
etwas anders ausfällt.

Fotoschablonen

D ie Entwicklung von Fotoschablonen ermöglichte erstmals ein sehr feines, detailgetreues Arbeiten mit der Siebdrucktechnik und eine Auflagenhöhe von Hunderten von Exemplaren in gleichbleibender Qualität. Jedes nahezu undurchsichtige Objekt oder Material kann man als Dia (Kopiervorlage) benutzen und in eine Fotoschablone umsetzen, die dann gedruckt wird. Doch zunächst sollte man die Begriffe Diapositiv (Dia), fotografisch hergestelltes Dia, manuell hergestelltes Dia (Kopiervorlage) und Fotoschablone unterscheiden können.

Ein Diapositiv ist eine Kopiervorlage. Siebdruckdias bestehen aus einem transparenten, lichtdurchlässigen Trägermaterial, auf dem das genaue Bild des zu druckenden Motivs opak aufgebracht ist, so daß beim Belichten der Fotoschablone kein ultraviolettes Licht auf die Teile der Schablone fällt, die später drucken sollen. Als Material zur Herstellung von Positiven kann man beispielsweise schwarzgestrichene oder lichtundurchlässig gemachtes Pauspapier verwenden. Ebenso eignen sich rotes Lithoband oder Maskierfilme auf transparentem Untergrund, ockerfarbener Schneidefilm, ein Blatt Letraset, gerissenes schwarzes Papier, weiche schwarze Kreide auf Seidenpapier, jeder undurchsichtige Gegenstand und jede kontrastreiche Fotografie oder Fotokopie auf transparenter Folie oder dün-

nem Papier. Es mag zunächst etwas verwirrend sein, daß ein Positiv immer ein Positiv bleibt, auch wenn das Bild negativ ist. Das liegt daran, daß jeder undurchsichtige Teil eines Dias schließlich als Druck erscheint. Fotodias werden in der Dunkelkammer hergestellt, indem man vorhandene Negative oder Dias vergrößert oder ein Originalkunstwerk auf Folie fotografiert.

Manuell hergestellte Dias sind mit einem undurchsichtigen Medium auf transparentem oder lichtdurchlässigem Material ausgeführte Zeichnungen, gemalte oder gespritzte Bilder, Collagen, Frottagen usw., in jedem Fall von Hand gefertigte Vorlagen. Fotoschablonen sind die Mittel, mit denen all diese verschiedenen Arten von Kopiervorlagen in druckbare Bilder umgesetzt werden. Man bringt dazu das Dia in direkten Kontakt (möglichst in einem Vakuumrahmen) mit dem Fotoschablonenmaterial und setzt beides zusammen von der Rückseite der Vorlage her ultravioletter Belichtung aus. Die fertige Schablone wird anschließend am Sieb befestigt. Vor dem Drucken muß sie getrocknet, maskiert und nachgebessert werden.

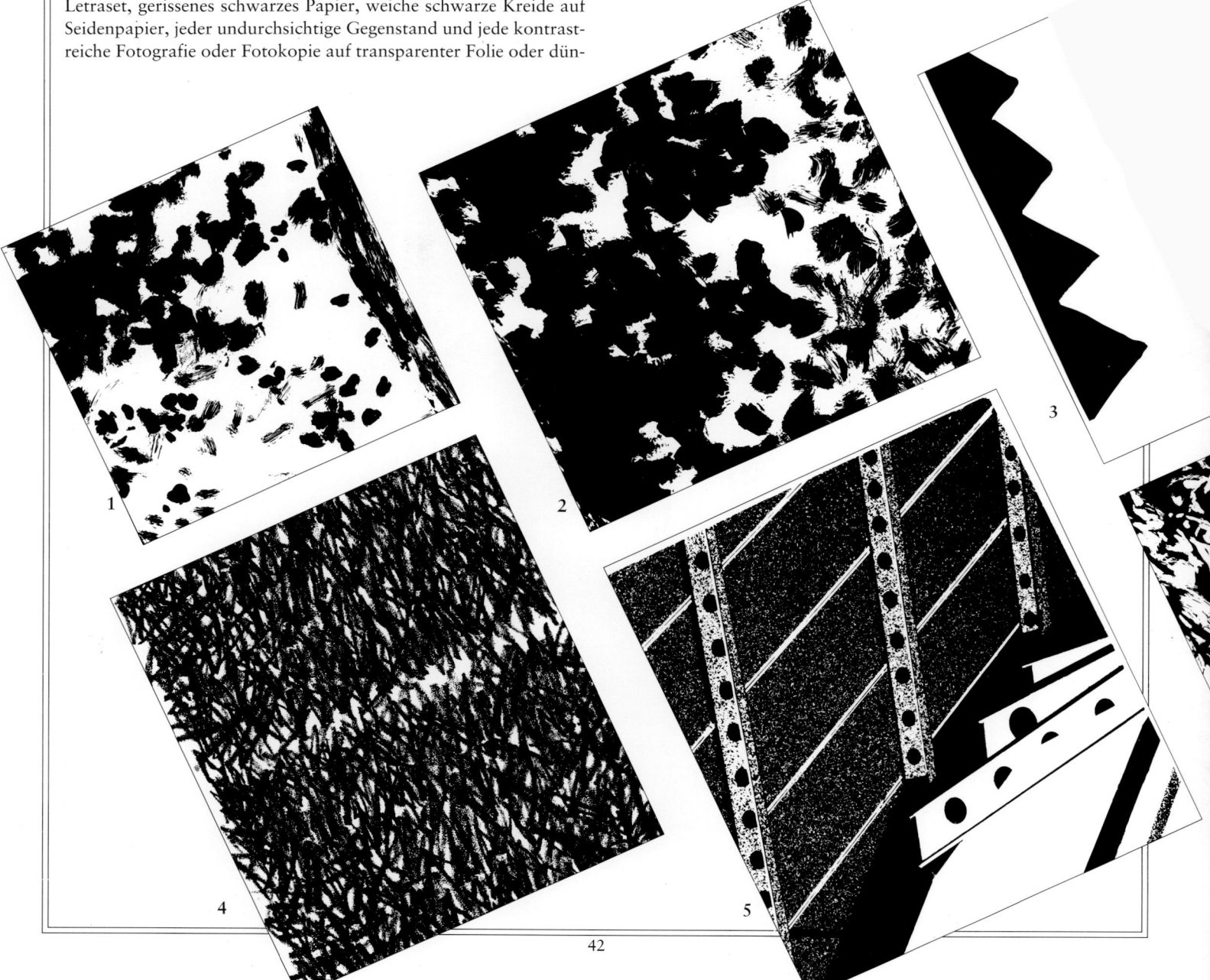

Diapositive

Die hier abgebildeten Kopiervorlagen wurden
auf ganz verschiedene Art hergestellt. Mit einem
dünnen (1) und einem dickeren (2) Pinsel wurde
undurchsichtige Farbe auf Folie gemalt.
Verschiedene Bereiche eines fotografisch
belichteten Stripfilms wurden vom Künstler von
Hand mit lichtsicherer Tusche besprüht (3).
Eine strukturierte Folie wurde mit weicher
Kreide bearbeitet (4). Roter Maskierfilm wurde
von Hand besprüht (5). Dieser belichtete
Stripfilm wurde immer mehr freigelegt und
dann weiter bearbeitet (6). Schließlich wurde
ein Rasterpositiv fotografisch hergestellt (7).

6

7

Methoden und Materialien für Fotoschablonen

s gibt vier verschiedene Möglichkeiten, Fotoschablonen für den Siebdruck herzustellen: direkt, indirekt, kapillar und direkt/indirekt.

DIREKTE FOTOSCHABLONEN

Am billigsten sind direkte Fotoschablonen, und sie lassen sich auch relativ einfach herstellen. Man verwendet sie für wasserlösliche ebenso wie für lösemittelhaltige Farben. Direkte Fotoschablonen werden mit einer lichtempfindlichen Emulsion hergestellt, die man auf das Siebgewebe aufträgt und lichtgeschützt trocknen läßt. Anschließend plaziert man an der Siebunterseite eine Kopiervorlage, preßt sie mit Hilfe eines Vakuum-Kopiersacks oder eines Kopierrahmens fest gegen die Emulsion und belichtet sie mit UV-Licht.

Das Dia muß immer mit der Schichtseite zur Emulsion auf dem Sieb angebracht werden, das heißt, die Emulsionen von Kopiervorlage und Fotoschablone treffen aufeinander. Diese verändert ihre Beschaffenheit auf chemischem Weg, wenn Licht durch das Positiv fällt. An den abgedeckten, lichtundurchlässigen Stellen bleibt die Emulsion wasserlöslich, und man kann sie mit warmem oder kaltem Wasser abspülen. Das Ergebnis ist eine Schablone, mit der man nach dem Trocknen und Nachbessern drucken kann.

Steht keine professionelle Ausrüstung zur Verfügung, kann man sich bei kleineren direkten Schablonen auch anders behelfen. Man trägt die Emulsion wie gehabt auf, benutzt aber dann eine 10 mm-Floatglasscheibe und eine schwarze weiche Unterlage, über die der Rahmen paßt, zur Unterstützung von Sieb und Positiv. Das Gewicht des Glases preßt das Dia gegen die Fotoemulsion. Als Lichtquelle dient entweder eine Fotolampe (*siehe gegenüberliegende S.*), eine UV-Lampe oder auch die Sonne. Welche Belichtungszeit richtig ist, muß man durch Probieren herausfinden.

INDIREKTE FOTOSCHABLONEN

Die Filme für indirekte Fotoschablonen erhält man als Rolle lichtempfindlichen Films auf einer transparenten Trägerfolie. Der

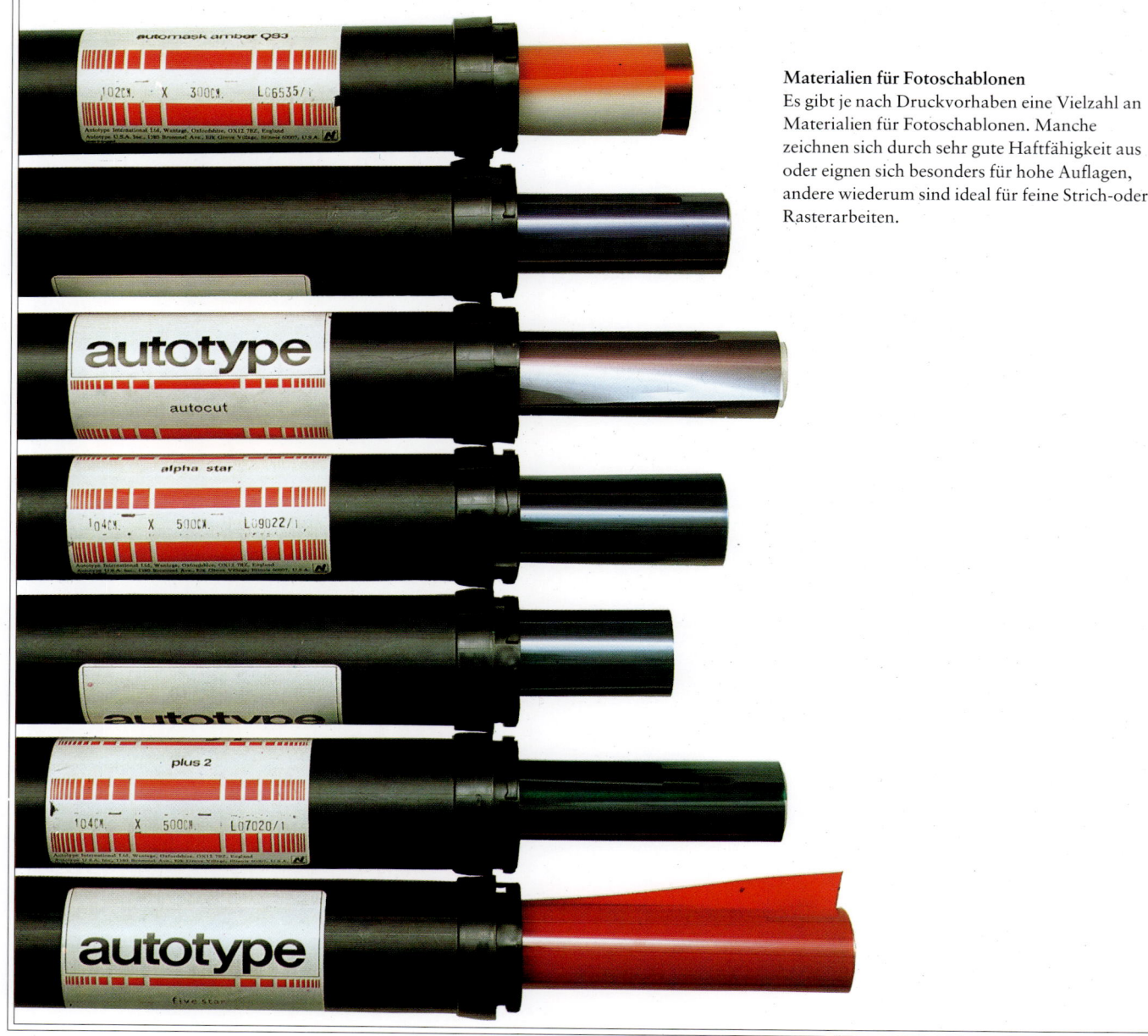

Materialien für Fotoschablonen
Es gibt je nach Druckvorhaben eine Vielzahl an Materialien für Fotoschablonen. Manche zeichnen sich durch sehr gute Haftfähigkeit aus oder eignen sich besonders für hohe Auflagen, andere wiederum sind ideal für feine Strich-oder Rasterarbeiten.

Herstellungsvorgang bei indirekten Fotoschablonen ähnelt dem Verfahren für direkte, nur daß er unabhängig von dem Sieb ist und die Schablone erst nach dem Entwickeln mit dem Gewebe verbunden wird. Bei indirekten Fotoschablonen berührt die Emulsionsseite der Kopiervorlage die Schichtseite des Films. Beide werden so in den Kopierrahmen gelegt, daß das Licht aus der Belichtungsquelle durch die Rückseite des Dias und die Rückseite des Films dringt, um die Emulsion zu erhärten. Die undurchsichtigen Partien des Positivs verhindern die Belichtung der Emulsion auf der Schablonenfolie. Die belichteten Partien härten durch und waschen sich beim Entwickeln nicht aus.

Die Art des Entwickelns hängt vom Schablonenfilm ab. Einige Filme müssen eine Minute in Wasserstoffperoxid (20 %ige Lösung) entwickelt werden, damit die belichteten Stellen noch weiter durchhärten. Dann wird der Film solange mit warmem Wasser abgespült, bis die Emulsion, die durch die undurchsichtigen Partien des Positivs vor dem Belichten geschützt war, vollkommen ausgewaschen ist. Abschließend spült man mit kaltem Wasser nach, um alle Reste des Schablonenmaterials zu entfernen und um den Film wieder abzukühlen. Es ist wichtig, daß die Emulsion vollständig abgewaschen ist, bevor man die Schablone am Sieb anbringt. Andernfalls können Emulsionsreste in das Sieb eintrocknen und verhindern, daß die Farbe durch die offenen Stellen dringt.

KAPILLARFILM

Den Kapillarfilm überträgt man ähnlich wie indirekte Fotoschablonen. Er kommt als Rolle in den Handel. Man schneidet ein Stück – größer als die Kopiervorlage – davon ab und legt es auf eine erhöhte Unterlage mit der Emulsionsseite nach oben. Der Siebrahmen wird mit der Rakelseite nach oben darüber gelegt und der Film durch das Sieb mit einem Schwamm befeuchtet. Dadurch haftet die Schablone am Gewebe. Überschüssiges Wasser wird weggerakelt und das Sieb unter lichtgeschützten Bedingungen getrocknet.

Die Kapillarschablone ist sehr passergenau und äußerst detailgetreu. Wie alle anderen indirekten Filmmaterialien hat sie den Vorteil, daß man sie auf die gewünschte Größe zurechtschneiden kann. Mit der Kapillarschablone kann man einen besonders dicken Farbauftrag erreichen, wenn man auf die Druckseite des Siebs noch eine Fotoemulsionsschicht aufträgt, nachdem der Film getrocknet ist. Ein getrockneter Kapillarfilm wird wie eine direkte Fotoschablone belichtet und entwickelt.

DIREKT/INDIREKTE FOTOSCHABLONE

Die direkt/indirekte Schablone wird mit einer Fotoemulsion, die man mit einer weichen, abgerundeten Rakel auf die Rakelseite aufträgt, mit dem Gewebe verbunden. Beim Auftragen verfährt man wie beim Kapillarfilm: Der Film liegt auf einem Kopierkissen, wird lichtgeschützt getrocknet und anschließend belichtet.

DIE AUSWAHL DES RICHTIGEN FILMS

Alle Fotoschablonenfilme haben ihre Vor- und Nachteile. Man muß ein bißchen damit experimentieren, um herauszufinden, welche Methode für das eigene Vorhaben am besten geeignet ist. Der indirekte Film ist am beständigsten in der Qualität und läßt Details sehr gut herauskommen. Ein weiterer Vorteil besteht darin, daß er keine zusätzliche Ausrüstung verlangt, sondern direkt belichtet werden kann, da man nur die Schablone und nicht das ganze Sieb belichtet und auswäscht. Indirekte Schablonen lassen sich nach dem Drucken auch leichter aus dem Sieb entfernen.

Lichtquelle

Die Art der Lichtquelle, die man zur Belichtung des Schablonenfilms verwendet, wirkt sich auf die Qualität der späteren Schablone aus. Eine punktförmige Lichtquelle von nur einer Lampe liefert bessere Ergebnisse als mehrere Lampen auf einmal. Blaue aktinische Röhren (Flächenlicht) ergeben beispielsweise eine schlechtere Schablone als eine Halogenidlampe (Punktlicht).

Am besten ist eine Metall-Halogenidlampe, die es mit zwei, drei oder fünf Kilowatt gibt. (Manche Lampen lassen sich auf zwei Kilowatt umstellen, wenn man mit Materialien wie Tageslichtfilmen arbeitet.) Für zu Hause ist eine Fotolampe eine durchaus ausreichende Lichtquelle. Für Schule und Atelier gut geeignet sind Quecksilberdampflampen (Typ HPR-125).

Man bringt die Lichtquelle über dem Vakuumrahmen in einer Höhe an, die der Diagonale der Schablone entspricht. Bei jeder Lichtquelle müssen die Birnen rechtzeitig ausgetauscht werden. Alte, nicht mehr voll funktionsfähige Lampen erzeugen feine Löcher auf dem Schablonenfilm. Bei einem beschichteten Sieb oder bei Verwendung von lichtempfindlichem Film kann man auch die Sonne als Belichtungsquelle verwenden. Man legt dazu den Rahmen mit dem Dia darauf verkehrt herum auf ein Kopierkissen. Eine Glasplatte darüber drückt das Positiv auf die Emulsion. Die Belichtungsdauer kann bis zu einer Stunde betragen; auch hier muß durch Ausprobieren die richtige Zeit ermittelt werden.

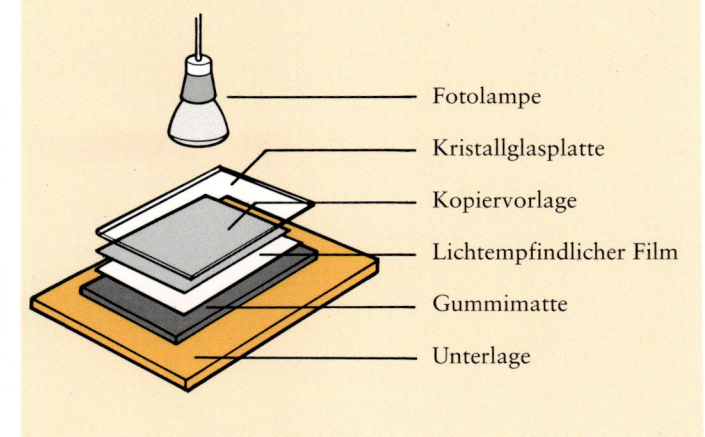

Fotolampe
Kristallglasplatte
Kopiervorlage
Lichtempfindlicher Film
Gummimatte
Unterlage

HERSTELLUNG EINER INDIREKTEN FOTOSCHABLONE

1 Für die Herstellung einer indirekten Foto-schablone schneidet man zunächst von der Rolle ein Stück lichtempfindlichen Film in ent-sprechender Größe ab, das ringsum mindestens fünf Zentimeter größer sein muß als das Dia.

2 Dann legt man den Film auf das Dia in den Kopierrahmen, mit der Trägerschicht auf die Emulsionsseite des Positivs.

3 Vor dem Belichten wird der Kopierrahmen senkrecht gestellt. Mittels Vakuum werden die beiden Filme fest aneinandergepreßt, damit das Licht nicht unter die lichtsicheren Teile der Kopiervorlage fällt.

5 Der Film wird sorgfältig mit warmem Wasser abgespült, bis die Emulsion, die von dem undurchsichtigen Dia abgedeckt war (und deshalb nicht belichtet wurde), voll-kommen entfernt ist. Mit einer abschließenden Kaltspülung erhält der Film seine ursprüngliche Größe zurück und eventuelle Schablonenreste werden weggewaschen.

6 Nachdem man sich vergewissert hat, daß alle unbelichteten Emulsionsreste entfernt sind, wird die Schablone vorsichtig an der Siebunterseite angebracht.

4 Nach dem Belichten müssen manche Filme für eine Minute in ein Entwicklerbad aus 20prozentigem Wasserstoffperoxid. Dabei härten die belichteten Partien noch weiter durch.

7 Zum Übertragen auf das Siebgewebe legt man eine Schicht Zeitungspapier über die Schablone und rollt vorsichtig, aber fest darüber. Dadurch wird die Feuchtigkeit herausgedrückt und die weiche Schablonenemulsion verbindet sich mit dem Siebgewebe.

8 Von der Druckseite her kann man den Trockenvorgang mit einem Heißluftgebläse unterstützen. Nach dem Trocknen wird die transparente Trägerschicht von der Schablone abgezogen.

Manuell hergestellte Kopiervorlagen (›Handdias‹)

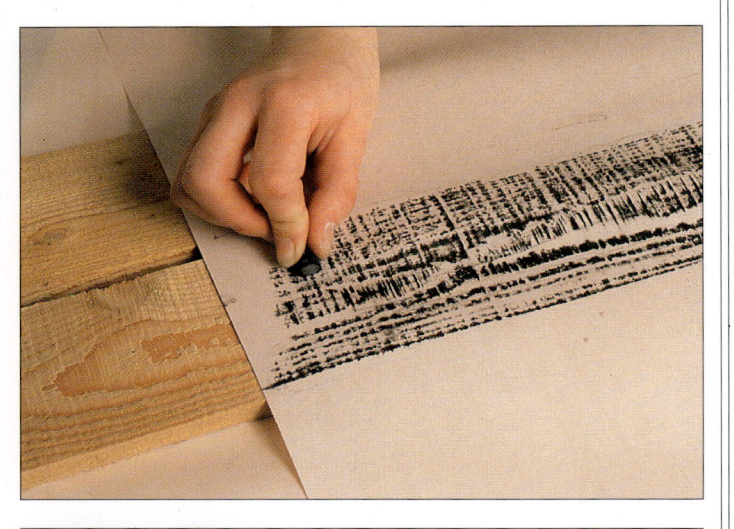

Manuell hergestellte Kopiervorlagen werden vom Künstler selbst mit undurchsichtigem Material auf transparenter oder lichtdurchlässiger Trägerschicht hergestellt. Dies ist die moderne Version der Serigraphie. Die ›Zeichen‹ des Künstlers werden von der Schablone direkt übersetzt, so daß das Druckbild in allen Einzelheiten der Arbeit des Künstlers entspricht.

Es gibt eine ganze Reihe von Möglichkeiten, eine manuelle Kopiervorlage herzustellen: Man malt mit deckender Farbe auf Pauspapier (*siehe Teil Fünf*), besprüht eine transparente Folie mit Airbrush bzw. Spritzpistole oder zeichnet mit weichen, schwarzen Kreiden direkt auf den Film (es gibt aufgerauhte Pauspapiere, auf die es sich wie auf eine Lithoplatte zeichnen läßt); mit schwarzen Wachskreiden kann man direkt Strukturen von Oberflächen abnehmen (Frottage), einzelne Formen lassen sich zu einem Gesamtbild gestalten, man tüpfelt mit einem Schwamm oder Stück Stoff oder färbt einfach Objekte mit schwarzer Farbe ein und überträgt sie mit dem Abklatschverfahren auf das Pauspapier. Vorhandene Siebschablonen lassen sich mit jeder beliebigen Farbe, die UV-undurchlässig ist – Schwarz, Rot, Ocker – auf transparente Blätter drucken und zu neuen Schablonen weiterentwickeln. Den Möglichkeiten sind keine Grenzen gesetzt.

Frottage

Der Künstler möchte eine strukturierte Fläche, hier eine Holzmaserung, in seine Schablone einarbeiten. Man legt dazu ein Blatt dünnes Pauspapier (002) über ein Stück Kiefernholz und reibt die Struktur mit einem weichen Wachsstift ab *(oben rechts)*. Diese Frottage kann dann als Kopiervorlage für eine Fotoschablone verwendet werden *(rechts)*.

Spritzen

Die Spritztechnik verwendet man bei der Schablonenherstellung, um möglichst gleichmäßige Farbverläufe zu erreichen. Man nimmt dazu Farbe, die kein UV-Licht durchläßt. Schwarze Farbe ist vollkommen undurchsichtig, rote und orangefarbene Maskierflüssigkeiten hingegen sind leicht durchscheinend, so daß der Künstler sehen kann, was darunter liegt.

TERRY WILSON
Anonyme Bildnisse 5 und 6

Hier wurden Farbschablonen verwendet, die
durch direktes Zeichnen und Malen auf der
Schablone entstanden. Die Farbe wurde mit
verschiedenen Techniken aufgebracht – durch
Schnippen mit einem Pinsel und Spritzen mit
einer Zahnbürste.

Fotografisch hergestellte Kopiervorlagen (›Fotodias‹)

D ie Bandbreite der Möglichkeiten, die sich durch fotografische Dias eröffnen, ist so groß, daß man selbst bei einer kurzen Einführung fotografische Grundkenntnisse voraussetzen muß. Bevor der Künstler eine Fotoschablone herstellt, muß er sich mit Belichtungszeiten, Blendenöffnungen, Tiefenschärfe und der Körnung im Verhältnis zur Auflösung beschäftigen und zumindest in groben Zügen mit dem Entwickeln und Vervielfältigen von Fotografien vertraut sein. Im Prinzip wird ein Fotodia folgendermaßen hergestellt: Man legt einen undurchsichtigen Gegenstand auf ein Blatt hoch kontrastempfindlichen Lithfilm (*siehe unten*), der dann belichtet, entwickelt und fixiert wird. Eine einfache Art einer Fotoschablone erhält man indes dadurch, daß man einen 35 mm-Schwarzweiß-Negativfilm auf Lithfilm vergrößert. Nebenbei bemerkt, man kann auch eine konstrastreiche Fotografie oder Fotokopie in eine Schablone verwandeln, indem man die Rückseite mit flüssigem Paraffin oder Klarpausspray behandelt. Dadurch wird das Papier transparent. Bei kunststoffbeschichtetem Fotopapier läßt sich diese Technik allerdings nicht anwenden.

FOTOGRAFISCHE VORLAGEN

Lithfilme bieten die Möglichkeit, fotografische und manuell hergestellte Vorlagen zu kombinieren. Man unterscheidet grundsätzlich zwischen zwei Arten von Fotografien: Halbton- und Strichvorlagen. Jeder, der einen Fotoapparat besitzt, kennt Halbtonfilme, denn das ist der ganz ›normale‹ Film, der alle Abstufungen von Schwarz bis Weiß wiedergibt. Ein Strichfilm hingegen reduziert das Bild allein auf Schwarz und Weiß, es wirkt wie eine Silhouette. Bei Halbtonfilmen enthält auch das Negativ jede Schattierung von Schwarz bis Weiß (oder Farbe). Wenn man das Negativ vergrößert, kann man jedoch erkennen, daß es aus vielen winzigen Pünktchen von fast derselben Tönung besteht, die nur in den dunklen Partien dichter und in den hellen weniger dicht gruppiert sind.

KAMERAS UND VERGRÖSSERUNGSGERÄTE

Um ein Fotopositiv herzustellen muß man zunächst das Bild mit einer Kamera aufnehmen. Das Bild kann ein Kunstwerk oder ein Gemälde sein, oder auch einfach ein Mensch oder eine Landschaft. Es wird auf Halbton- oder Strichfilm aufgenommen, vergrößert und auf Lithfilm belichtet.

Es gibt viele verschiedene Ausführungen an Kameras und Vergrößerungsgeräten, die alle brauchbare Dias liefern. Man kann alle Formate zwischen 24 × 36 mm, 6 × 6 und 20 × 25 cm und die dazu passenden Filme verwenden. Bei der Anschaffung der Vergrößerungsausrüstung sollte man neben dem Preis noch einen zweiten Faktor bedenken: Je größer das Negativformat ist, um so höher ist die Qualität des Positivs und um so breiter ist auch das Feld zum Experimentieren. Es ist schwierig, einen 35 mm-Film zu maskieren oder ihn passergenau einzurichten, bei einem 20 × 25 cm Film ist das jedoch relativ einfach. Ein positives Registersystem, das man durch das Stanzen einer Reihe von Löchern erhält, die den Stiften im Vergrößerungskopf entsprechen, ermöglicht eine absolute Passergenauigkeit bei der Belichtung mehrerer Filme. Man sollte außerdem nicht vergessen, daß sich ein Vergrößerungsgerät, ausgerüstet mit Kopierlampen, auch als Kamera verwenden läßt.

RASTERDIAS

Beim Drucken lassen sich im Prinzip keine verlaufenden Halbtöne erzeugen. Man kann sich dem nur annähern, indem man die Schattierungsbandbreite eines Bildes in Punkte oder Zeichen aufteilt und deren Größenordnung bestimmt: 90 Prozent Punkte = dunkel, 10 Prozent Punkte = hell. Die gebräuchlichste Anwendung dieses sogenannten Rasterverfahrens kann man jeden Tag anhand von Zeitungsfotos oder Werbeplakaten sehen.

ALLAN JONES
Auto '68

Ausgangsbild für diesen Druck eines Autos aus den 60er Jahren war eine Fotografie, die auf Halbtonfilm entwickelt und anschließend auf Lithfilm vergrößert wurde. Bei der Herstellung des Dias wurde ein Kontaktraster zwischengeschaltet, um eine aufgerasterte Kopiervorlage von dem Halbtonfoto zu erhalten.

BEN JOHNSON
Sainsbury Center

Hier bildet die Perforation der Jalousien ein
eigenes Lochmuster, das mit den vielen kleinen
Punkten des Bildrasters ›konkurriert‹. Um die
feinen Farbnuancen der Originalfotografie zu
erhalten, wurde dieser Vierfarbdruck vor allem
mit abgetönten Lasurfarben statt mit üblichen
Rasterfarben gedruckt. Anschließend wurden
drei Zwischenfarbauszüge hinzugefügt.

Den Rastereffekt erreicht man entweder dadurch, daß man dem Negativ im Halterahmen oder dem Bild im Vergrößerungsgerät ein Raster vorsetzt. Bei einer Reprokamera kann man das Raster zwischen Vorlage und Film im hinteren Teil der Kamera befestigen. Dieses Kontaktraster löst das Bild in eine regelmäßige Punktmatrix auf; beim Mezzotintoverfahren sind die Punkte unregelmäßig. Die regelmäßige Punktmatrix des Rasters ist von Hand sehr schwierig zu bearbeiten. Dem Künstler kommt das Mezzotintoverfahren wohl stärker entgegen, wenn er kreative Entscheidungen fällen und ausführen muß.

Punktmatrixschablonen ergeben beim Übereinanderdrucken immer Moirémuster. Um das in Grenzen zu halten, verschiebt man das Mezzotintoraster bei der Herstellung eines neuen Positivs von derselben Vorlage immer um mindestens zehn Prozent. Beim gerasterten vierfarbigen Drucken werden die Raster um 30°, 15°, 15° verdreht; bei 45° wird Schwarz gedruckt, bei 75° Magenta, bei 90° Gelb und bei 105° Blau. Wenn man Rasterpositive am Sieb befestigt, sollte man sie so lange drehen, bis sie keine Moirés mit dem Gewebeverlauf erzeugen. Das kann auch bedeuten, daß das Positiv diagonal zum Sieb angebracht werden muß.

STUFENDRUCK

Eine andere Möglichkeit zur Imitation eines Halbtonbildes ist der Stufendruck. Dabei wird eine Reihe über- und unterbelichteter Strichfilmdias, die von dem gleichen Negativ mit unterschiedlichen Belichtungen hergestellt wurden, gedruckt. Hierzu projiziert man ein Halbtonnegativ oder ein Dia auf einen Bogen Lithfilm und nimmt eine Testreihe mit unterschiedlichen Belichtungszeiten auf. Diese wählt man so aus, daß man Farbauszüge mit möglichst gleichen Abständen erhält. Sie werden dann als Positive vergrößert – je mehr man davon hat, um so größer ist die Annäherung an den Halbton. Stellt man die Vergrößerungen anhand von Positivmaterialien (z. B. Farbdias) her, sollte man auch mit Negativen in der gleichen Größe arbeiten. Sie sind von Hand leichter zu bearbeiten, und man kann jederzeit durch einfache Kontaktabzüge neue Positive erhalten. Es ist außerordentlich schwierig, eine Größeneinstellung wiederzufinden, wenn das Bild bereits vom Halterahmen entfernt wurde. Für den Stufendruck selbst kann man opake Farben verwenden, wenn man von Hell nach Dunkel druckt oder entsprechend transparente, wenn man mit Dunkel beginnt und zum Hellen hin arbeitet.

GERD WINNER
Harrisons Werft

Hier wurde eine recht ausgefallene Technik des
Stufendrucks angewendet: Mit Hilfe von
Negativmasken wurden einige Farbbereiche
entfernt.

WENDY TAYLOR
Iguana

Für den Halbtoneffekt wurden die Tonwertauszüge
einer Pastellzeichnung mit transparenten Farben
von Dunkel nach Hell gedruckt.

ANDREW HOLMES
Thermo King

Die Schablonen für dieses Bild wurden mit
Stufendruck fotomechanisch und
handgeschnitten hergestellt. Der Künstler
benutzte zusätzlich handgemalte
Kopiervorlagen.

Reprofilm für fotografisch hergestellte Kopiervorlagen

Zur Herstellung von Fotodias benötigt man lichtundurchlässiges Schwarz auf transparenter, rosa wirkender Trägerschicht. Die milchige Schicht mit Anti-Lichthof-Wirkung verschwindet erst, wenn der Lithfilm fixiert ist. Es gibt so viele Arten von lithographischen Filmmaterialien, daß hier nur solche vorgestellt werden sollen, die sich gut für künstlerisches Gestalten und die Arbeit in einem kleinen Atelier eignen, da man sie alle mit denselben Chemikalien verarbeiten kann.

LITHFILM

Ein orthochromatischer Film ist ein Hochkontrastfilm, den man bei Rotlicht in einem Entwicklungsgerät oder auf konventionelle Weise mit Entwickler-, Unterbrecher- und Fixierbad entwickeln kann. Mit einem Lithfilm bekommt man entweder ein schwarzes oder ein transparentes Bild, Zwischentöne gibt es nicht. Belichtet man Halbtonnegative oder Dias darauf, läßt sich das Verhältnis von entwickeltem schwarzem Film zu transparenter Trägerschicht regulieren, indem man Belichtungs- und Entwicklungszeiten verändert.

Grundsätzlich unterscheidet man zwischen zwei Arten von Lithfilm: orthochromatischem für alle Anwendungsbereiche und panchromatischem. Für die Entwicklung von Hand ist der orthochromatische Lithfilm am besten geeignet, da er viel Spielraum bei Belichtung und Entwicklung läßt. Einen panchromatischen Film setzt man zusammen mit Filtern ein, wenn man für den Vierfarbendruck (*siehe unten rechts*) nach Farben getrennte Schablonen braucht. Da der panchromatische Film für das ganze Farbspektrum lichtempfindlich ist, muß man ihn in vollkommener Dunkelheit bearbeiten. Manchmal wird er zwar für die Verwendung mit dunkelgrünem Filter empfohlen, doch in der Praxis arbeitet man kaum damit. Beide Arten von Filmen gibt es mit dicken und dünnen Trägerschichten. Wenn große Passergenauigkeit vonnöten ist, empfiehlt sich der zwar etwas teurere, aber auch stabilere dicke Film. Den dünnen Film verwendet man zum Kontern von Bildern, die durch Belichtung von hinten entstehen. Beide Filme kann man von Hand entwickelt, aber es gibt sie auch für Entwicklerautomaten.

DUPLIKATFILM

Auch mit Duplikatfilm lassen sich Fotoschablonen herstellen. Er ist ebenfalls orthochromatisch (d.h., man kann ihn unter Rotlicht bearbeiten). Es handelt sich dabei um einen Umkehrfilm, das heißt, aus einer positiven Vorlage entsteht wieder ein positives Bild, aus einer negativen Vorlage ein negatives. Legt man also ein Farbdia in den Vergrößerungsapparat und projiziert es auf Duplikatfilm, wird es in Schwarz mit Abstufungen reproduziert. Bei Unterbelichtung ergibt der Umkehrfilm ein zu dunkles Bild, bei Überbelichtung ein zu helles.

TAGESLICHTFILM

Verfügt man über eine UV-Lichtquelle und einen Kontaktrahmen, dann ist der Tageslichtfilm – positiv wie negativ – in der Anwendung der praktischste Kontaktfilm. Der Positivfilm ergibt das gleiche Bild wie die Vorlage, wobei man den Kontrast von zu hellen Zeichnungen beim Reproduzieren verbessern kann. Ein Tageslicht-Negativfilm erzeugt immer ein umgekehrtes Bild.

AUTO-SCREEN-FILM

Benötigt man ein Rasterdia und hat kein Kontaktraster dafür, kann man sich mit einem sogenannten Auto-Screen-Film behelfen. Dies ist ein Negativfilm, in den bereits eine Punktmatrix einbelichtet ist.

KOPIERVORLAGEN FÜR DEN VIERFARBDRUCK

Die meisten farbigen Kunstdrucke und Fotografien in Büchern, Zeitschriften und auf Plakaten werden im Vierfarbrasterdruck hergestellt. Das Prinzip ist – einfach ausgedrückt – ein Abfotografieren des farbigen Originalbildes durch verschiedene Filter hindurch – rot, blau und grün – wodurch man Positive erhält, die im Druck entsprechend nur die Farben Cyan, Gelb und Magenta (die drei Druckfarben) wiedergeben. Die vierte Farbe, Schwarz, erhält man dadurch, daß man ein Original nacheinander durch alle drei Filter belichtet.

Die Farbfilter für die Farbtrennung sind Rotfilter Nummer 23 A, 24 und 29, Blaufilter mit den Nummer 47 und 47 B und Grünfilter Nummer 58 und 61. Die Farbtrennung verlangt ein besonders gewissenhaftes Entwickeln, da schon die kleinste Veränderung in der Belichtungszeit zu Farbüberschneidungen im Positiv führen kann, die im Druck farbverändernd wirken. Der Grund dafür liegt in einer Farbverschlechterung beim Fotografieren und Drucken.

Wenn man selbst eine Farbtrennung vornehmen möchte, empfiehlt es sich, ein einfaches System zu entwickeln, nach dem man jedes gefilterte Negativ und das entsprechende Positiv identifizieren kann. Beim Rotfilternegativ und dem dazugehörenden Cyanpositiv sind beispielsweise alle vier Ecken unbeschnitten. Nun kann man am Blaufilternegativ und am Gelbpositiv eine Ecke abschneiden, zwei Ecken am Grünfilternegativ und Magentapositiv und drei Ecken vom schwarzen Negativ und Positiv.

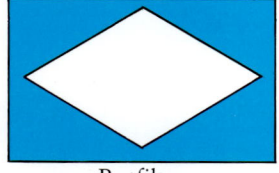

Rotfilter

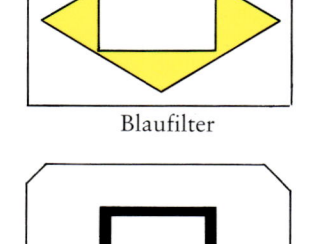

Blaufilter

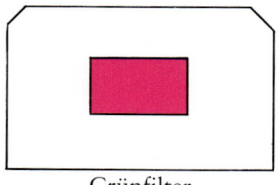

Grünfilter

alle Filter

Farbtrennung
Das Originalfarbbild (1) wird durch ein Rotfilter fotografiert, und man erhält einen Cyanauszug (2). Das Blaufilter ergibt ein gelbes Positiv (3) und das Grünfilter einen Magentaauszug (4). Schwarz gewinnt man schließlich durch Belichten von ein und derselben Vorlage der Reihe nach durch alle Filter (5). Um die Negative und die entsprechenden Positive auseinanderhalten zu können, beschneidet man die Ecken fortschreitend.

Entwickeln von Fotoschablonen

W ie bereits erwähnt, sind die hier vorgestellten Filme alle mit den gleichen Chemikalien zu entwickeln, was für ein Künstleratelier oder eine kleine Werkstatt sehr praktisch ist. Lithentwickler erhält man normalerweise in zwei Packungen, A und B. Die Chemikalien werden zunächst getrennt im Verhältnis eins zu drei in Wasser aufgelöst, bevor man sie zur endgültigen Entwicklerflüssigkeit zusammenmischt. (Schnellentwickler kommen meist schon gebrauchsfertig in einer Packung auf den Markt.) Entwickler brauchen eine Verarbeitungstemperatur von 20° C. Wenn sie jedoch etwa 21° C oder 22° C haben, lassen sich mehr Bilder von der gleichen Vorlage, beispielsweise einem Negativ, herstellen.

Bei fotografischen Arbeiten sollte man nie zuviel auf einmal machen, da die Entwicklerlösungen sofort nach dem Anrühren anfangen zu oxidieren und langsam unbrauchbar werden. Die optimale Verarbeitungsdauer für Lithmaterialien liegt zwischen zweieinhalb und drei Minuten. Auf alle Fälle sind die beiliegenden Herstellerhinweise zu beachten. Wie gut der Entwickler noch ist, läßt sich leicht an der Zeit feststellen, die das Bild braucht, um auf

Lithfilmentwicklung
Der Lithfilm wird in einer flachen Schale entwickelt, die entsprechend der Gebrauchsanweisung mit Wasser verdünnte Entwicklerflüssigkeit enthält *(links)*. Das Bild sollte nach 45 bis 60 Sekunden erscheinen *(unten)*.

dem Film zu erscheinen. Normalerweise beträgt die Entwicklungszeit bis zur ersten Schwarzfärbung 45 bis 60 Sekunden. Wenn es länger dauert, muß man das Entwicklerbad erneuern.

Um ein kontrastreiches Bild zu erhalten, bewegt man die Entwicklerflüssigkeit kräftig in der Schale, achtet aber darauf, daß nichts verschüttet wird. Detailgenauigkeit erreicht man, indem man die Schale bis zum Erscheinen des Bildes leicht bewegt und anschließend mit Unterbrechnungen (fünf Sekunden pro halbe Minute) solange hin- und herbewegt, bis das Bild voll ausentwickelt ist. Das Stoppbad hält die Entwicklungstätigkeit an und verlängert gleichzeitig die Haltbarkeit des Fixierers. Es verändert seine Farbe, wenn es erneuert werden muß. Bis zu diesem Zeitpunkt kann man es auch nach Gebrauch noch aufheben.

FIXIERER

Fixiermittel verdünnt man mit Wasser im Verhältnis eins zu drei. ›Über den Daumen gepeilt‹ läßt man den Film dreimal so lange in der Lösung, wie die milchige Emulsion braucht, um durchscheinend zu werden. Benötigt die rosafarbene Filmschicht hierfür also

beispielsweise 20 Sekunden, dann sollte man den Film noch weitere 40 Sekunden im Fixierbad lassen. Man kann das Fixiermittel nach Gebrauch zur Wiederverwendung aufheben. Den Ablauf der Haltbarkeit erkennt man daran, daß es zu lange dauert, bis das Papier klar wird. Den fixierten Film wäscht man ungefähr zehn Minuten lang unter fließendem Wasser aus und trocknet ihn dann in möglichst staubfreier Umgebung.

Die Bearbeitung der fotografischen Dias in der Dunkelkammer und die Eingriffe, die dabei möglich sind, bieten viel Spielraum für schöpferisches Gestalten und Experimente. Will man den Vorgang des Entwickelns genau beobachten, kann man unter der Entwicklerschale eine rote Dunkelkammerlampe anbringen.

Die Einrichtung der Dunkelkammer sollte so praktisch wie möglich gestaltet werden, da ein Arbeitsgang in den nächsten übergeht. Neben dem Vergrößerungsgerät schafft man sich am besten eine Arbeitsfläche, auf der man den Film ablegen und auch schneiden kann. Entwicklerbad, Stoppbad, Fixierbad und Wasseranschluß sollten so angeordnet sein, daß man selbst bei völliger Dunkelheit mit sicheren Handgriffen arbeiten kann.

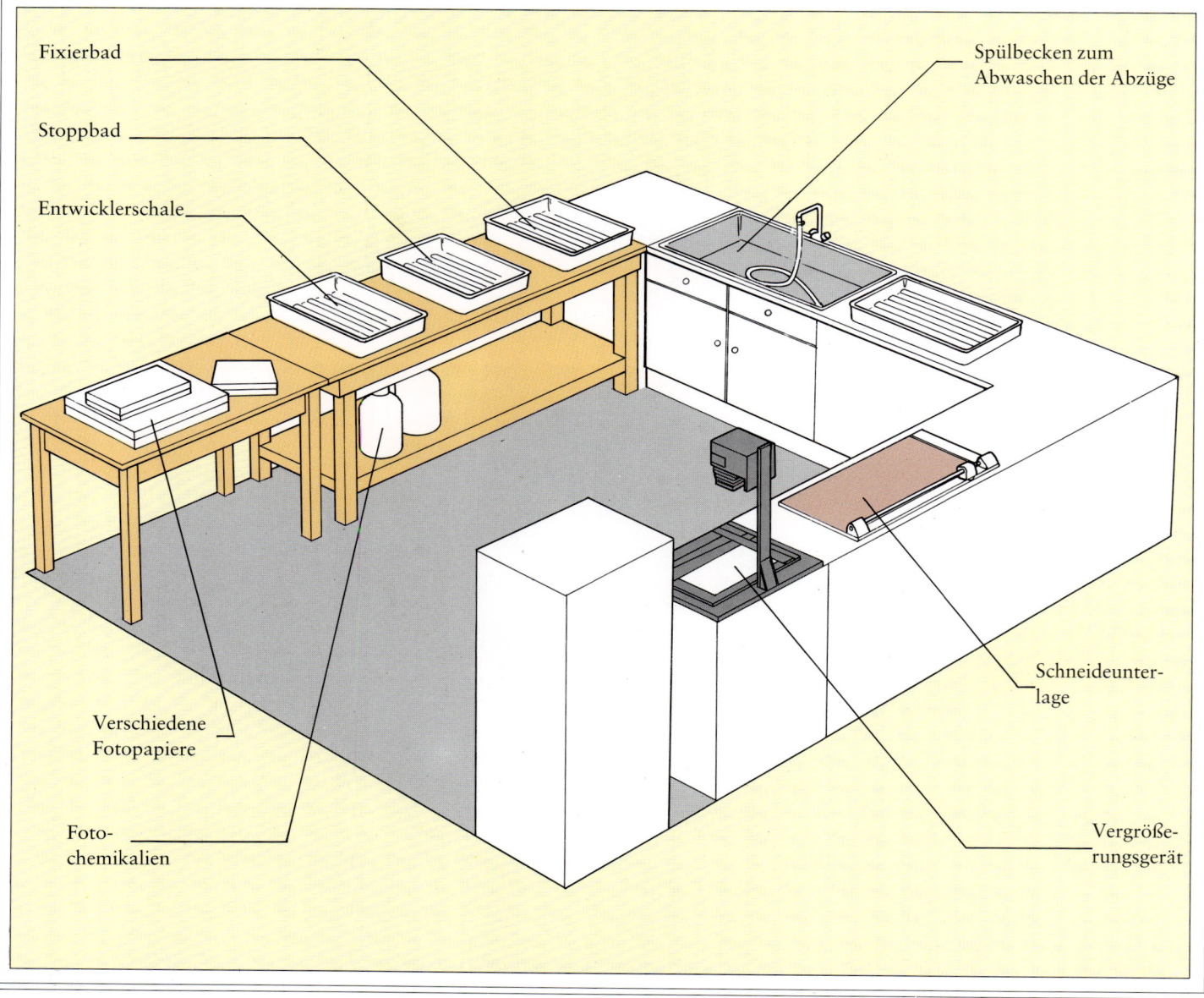

Fixierbad

Stoppbad

Entwicklerschale

Spülbecken zum Abwaschen der Abzüge

Verschiedene Fotopapiere

Fotochemikalien

Schneideunterlage

Vergrößerungsgerät

TIPS ZUR SCHABLONENHERSTELLUNG

■ Ganz allgemein gilt: Die Art der Schablone bedingt die Gewebedichte des Siebs. Ein feines Rasterbild kann beispielsweise nicht mit einem groben Sieb kombiniert werden. Normalerweise läßt sich allerdings schon mit dem gesunden Menschenverstand erkennen, welches Sieb für welche Art von Bild geeignet ist.

■ Jede Art von Schablone sollte mit gleicher Sorgfalt am Sieb befestigt werden. Die Schablone darf niemals zu nahe an den Rahmen kommen, und am oberen und unteren Ende muß genügend Platz für die Farbruhe gelassen werden. Grob gesagt heißt das: an den Längsseiten mindestens zehn Zentimeter Spielraum und oben und unten jeweils ein Viertel der offenen Siebfläche.

■ Wenn zwei oder mehr große Bilder auf einem einzigen Sieb Platz finden müssen, sollte man sie so plazieren, daß während des Druckvorgangs die jeweils anderen leicht abgedeckt werden können. Es empfiehlt sich ebenso, die Schablonen so anzuordnen, daß der Drucker den Rahmen nur um 180° zu drehen braucht und das zweite Bild dann schon einigermaßen passergenau liegt. Bei großen Bildern muß man auch aufpassen, daß sie nicht über die Tischkante überhängen, weil sie dann nicht mehr paßgenau eingerichtet werden können.

■ Wenn man mit einem Sieb eine Reihe verschiedener Farben drucken möchte, sollten sie passergenau aufeinander abgestimmt sein, damit der Drucker das Bild nur einmal an den Passermarken ausrichten muß. Bei jeder weiteren Farbe sind dann nur mehr leichte Korrekturen nötig.

■ Wenn man auf einer Schablone zwei oder mehr kleine Farbpartien hat, kann man als Arbeitserleichterung auch versuchen, sie in einem Arbeitsgang zu drucken. Dies erspart mehrmaliges Einrichten und Hantieren mit dem Druck.

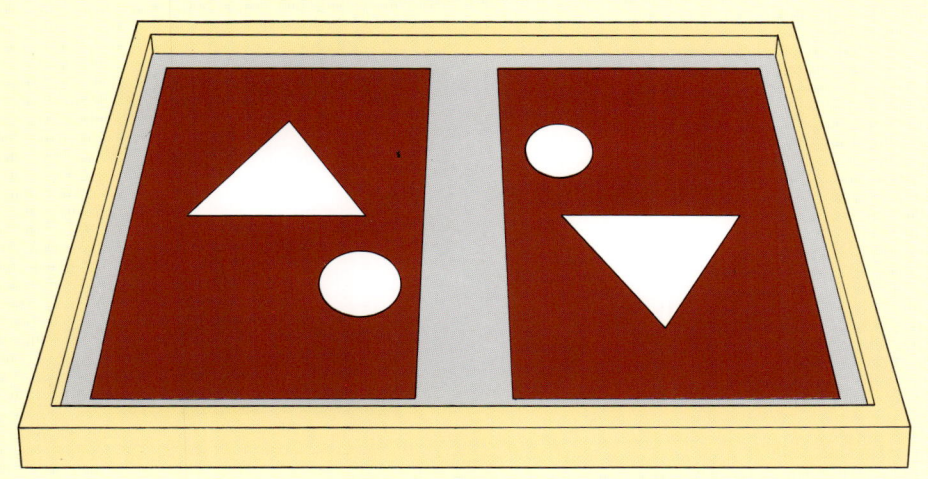

Teil Vier

DAS DRUCKEN

Zum erfolgreichen Drucken benötigt man die richtige Ausrüstung. Sie muß nicht teuer sein, und einiges Zubehör kann man auch selbst anfertigen. Ebenso wichtig wie die Ausrüstung ist aber auch die passende und praktische Anordnung der Werkstatteinrichtung sowie eine planvolle Vorgehensweise bei der Anfertigung der Drucke.

Der Drucktisch

F ür die Einrichtung eines Drucktisches gibt es ebenso viele Möglichkeiten wie für die Gestaltung einer Druckwerkstatt überhaupt. Der Vorteil des hier beschriebenen Systems liegt darin, daß man mit den Schraubzwingen sehr leicht Siebe verschiedener Größen an der Scharnierleiste befestigen kann. Die sogenannte Absprunghöhe, den Abstand zwischen Sieb und Druckunterlage, bestimmt man durch die Höhe, in der der Rahmen festgeklammert wird. Damit der Rahmen auch an der Vorderseite genügend Abstand hat, kann man mit doppelseitigem Klebeband Karton unter die Ecken kleben. Durch das Gegengewicht wird vermieden, daß der Rahmen beim Hochklappen abgestützt werden muß. Wesentlich bei jedem Drucktisch ist die Stabilität der Scharnierverbindung. Der Rahmen darf sich nicht mehr hin- und herbewegen lassen, sonst gibt es Passerdifferenzen beim Anlegen. Der Drucktisch sollte außerdem mit einem Universalrahmen versehen sein, in den man verschieden große Siebe einklemmen kann. Seitliche Bewegungen verhindert man durch eine Arretierung an der Tischvorderseite. Der Tisch selbst muß so stabil sein, daß er sich während des Druckens nicht bewegt oder nachgibt. Mit einem leisen Vakuummotor, verbunden mit einer Vakuumunterlage wird das Papier auf dem Tisch festgehalten und so die Absprunghöhe in jedem Fall gewährleistet.

Wenn man sich einen fertigen Drucktisch zulegt, sollte man darauf achten, daß er für große Bilder ebenso geeignet ist wie für kleinere Drucke, die man in verschiedenen Positionen ausführen will. Bei einem großen Rahmen kann man mehrere Schablonen mit nur einem Sieb verwenden, wobei der Druck darunter in verschiedenen Positionen angelegt wird. Das Gegengewicht sollte verstellbar sein, damit man den Siebrahmen möglichst mühelos anheben kann.

Die Vakuumgrundplatte – ein flacher, rechteckiger Kasten mit perforierter Oberfläche – ist mit einer Vakuumpumpe unter dem Tisch verbunden. Das Papier wird während des Druckvorgangs angesaugt und kann sich somit nicht verschieben; außerdem bleibt es nicht mit der Druckfarbe am Sieb kleben. Vakuum und Absprunghöhe bestimmen die Qualität des Farbauftrags. Bei kommerziell hergestellten Druckmaschinen schaltet sich die Ansaugpumpe beim Drucken automatisch ein; wird der Rahmen angehoben, stellt sie sich selbsttätig ab. Das Papier läßt sich so leicht passergenau anlegen. Der Universalrahmen sollte wegen der unterschiedlich dicken Druckunterlagen in der Höhe verstellbar sein, damit man die Absprunghöhe jeweils anpassen kann. Der Vakuummotor muß leise laufen und stark genug sein, auch das größte Blatt Papier mit einer dicken Schicht Druckfarbe noch festhalten zu können.

DIE ABSPRUNGHÖHE

Mit Absprunghöhe bezeichnet man den Abstand zwischen Siebunterseite und Druckunterlage. Dieser Abstand ist nötig, damit die Farbe beim Drucken nicht verläuft oder verschmiert. Wenn die Rakel über das Sieb gezogen wird, drückt die vordere Kante des Rakelblatts das Sieb auf die Druckunterlage und preßt die Farbe durch Gewebe und Schablone. Hinter der Rakel hebt sich das Sieb von dem gedruckten Bild wieder ab.

Die notwendige Absprunghöhe wird von einer Reihe von Faktoren bestimmt; dazu gehören die Siebgröße, das Ausmaß der offenen Partien in der Schablone, die Gewebespannung, die Farbdicke und die Saugkraft der Vakuumpumpe. Ein großes Sieb mit entsprechend mehr offenen Partien in der Schablone bedingt eine größere Absprunghöhe als ein kleines. Je fester das Gewebe auf den Rahmen aufgezogen ist, um so geringer kann der Abstand sein. Ohne Vakuumpumpe klebt das Papier bei Verwendung dicker Farbe leicht am Sieb fest. Bei dünner Farbe hingegen hebt sich das Sieb leicht wieder ab. Die Vakuumeinrichtung kann nur dann wirksam funktionieren, wenn die Löcher am Rand der Druckunterlage sorgfältig abgedeckt sind.

Der Abstand zwischen Sieb und Unterlage wirkt sich auch auf die Passergenauigkeit aus: Je größer er ist, um so eher verzieht sich die Schablone. Die Absprunghöhe sollte niemals so groß sein, daß der Drucker das Sieb mit Gewalt auf die Unterlage drücken muß. Dadurch könnte die Schablone von der Kante des Rakelblatts beschädigt werden.

Will ein Künstler auf einer senkrechten Oberfläche drucken, etwa einer gespannten Leinwand oder einer Skulptur, kann er die Absprunghöhe festlegen, indem er Kartonstückchen mit doppelseitigem Klebeband unter den Rahmenecken befestigt. Die Dicke des Kartons richtet sich dabei nach der Größe der Schablone. Als Faustregel gilt dabei: 3 mm Dicke je 2,5 cm Schablone.

Selbstgebauter Drucktisch
Eine mit Resopal überzogene 2 cm dicke Spanplatte ist eine übliche Druckunterlage. Sie sollte rundum 15 cm größer sein als das größte Papier, das man bedrucken möchte. Diese Unterlage kann man auf jedem beliebigen stabilen Tisch befestigen. An einer Kante der Platte bringt man eine Scharnierleiste an, die aus einer 5 × 5 cm-Rechteckleiste und einem Klavierband besteht. Mit zwei Schraubzwingen klemmt man den Siebrahmen an die Leiste und hängt an die Griffe der Zwingen mit einer Schnur ein Gegengewicht zum Siebrahmen. Die Vakuumeinrichtung kann man mit Hilfe eines gewöhnlichen Staubsaugers selbst bauen.

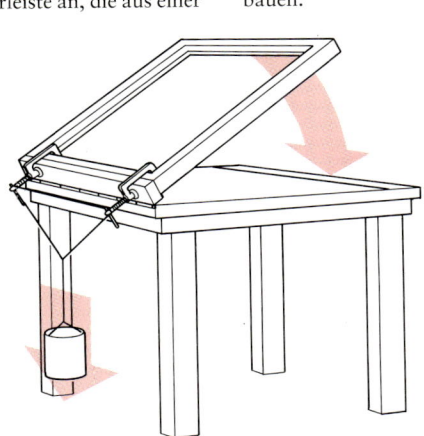

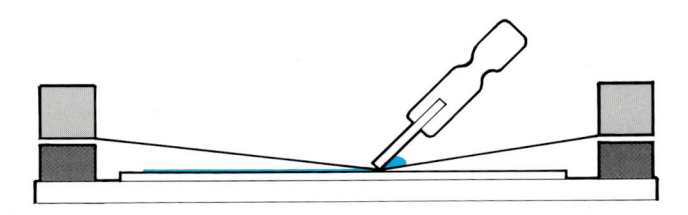

Absprunghöhe
Der Abstand zwischen Sieb und Druckunterlage ist notwendig, damit die Farbe nicht unter die Schablone kriecht. Man nennt diesen Abstand Absprunghöhe.

Druckvorbereitungen

ährend des Druckens muß man folgende Dinge zur Hand haben: Abdeckband und normales transparentes Klebeband. Für alle Dinge, die nur leicht haften sollen, verwendet man Abdeckband, da es sich einfach wieder ablösen läßt. Es sollte nicht direkt mit der Farbe in Berührung kommen. Normales transparentes Klebeband verwendet man auf oder unter der Druckfläche, um Schablonen abzudecken oder zu korrigieren. (Wenn man mit indirekten Fotoschablonen arbeitet, kann man damit auch auf der Siebunterseite Teile der Schablone absichtlich entfernen.) Auch Siebfüller sowie einige Pinsel sollte man stets zur Hand haben, um während des Druckens Korrekturen ausführen und Löcher ausbessern zu können. Für das passergenaue Anlegen der Schablone vor dem Drucken benötigt man Lineal, Bleistift, Schere und Messer.

Eine Rakel, die auf beiden Seiten nicht mehr als 5 cm über den Bildrand übersteht, erleichtert das Drucken sehr; je breiter eine Rakel ist, um so schwieriger ist sie zu handhaben. Weiter braucht man ein ganzes Sortiment an Palettenmessern, wobei deren Größe von der Menge an angerührter Farbe und der Höhe der Farbbehäl-

ter abhängt (für 1-l-Farbtöpfe braucht man 15-cm-Klingen, für 5-l-Eimer 25 cm). Farben auf Öl- oder Lösungsmittelbasis sollte man in Weißblech- oder Polypropylenbüchsen und nicht in Plastikbehältern verwenden. Zum Säubern benutzt man am besten Lappen aus saugfähiger Baumwolle. Viele der neuen Papierersatzstoffe sind nicht saugfähig genug und verschmieren die Farbe nur auf dem Sieb. Schließlich benötigt man Zeitungspapier für die Probedrucke, zum Ausbessern von Fehlern, wie etwa Farbnasen vom hinteren Teil der Rakel (man wischt sie weg und überdruckt das ganze noch einmal), und es eignet sich auch gut zum Säubern.

TROCKENGESTELLE

Das Bedruckpapier für die jeweilige Auflage und das Gestell, in dem die Drucke zum Trocknen aufbewahrt werden, sollten so nahe wie möglich am Drucktisch stehen. Es gibt drei verschiedene Arten von Trockenvorrichtungen: die Trockenleiste (für den Hausgebrauch kann man sie aus Draht und Wäscheklammern selbst ›bauen‹), den Etagentrockner mit einer Anzahl von Rosten übereinander und den Durchlauftrockner.

Durchlauftrockner
Diese Trockenmethode ist beim Drucken von hohen Auflagen weit verbreitet. Die nassen Drucke werden einzeln auf ein Fließband gelegt, das sie durch Heiz- und Kühlkammern transportiert und am Ende getrocknet stapelt.

Etagentrockner
Dieses Trockensystem besteht aus einer Reihe von Rosten mit Zugfedern, auf denen man die Drucke einzeln zum Trocknen ablegt. Auf dem kleinen Bild kann man sehen, daß die Drucke vorne etwa 7 cm überstehen; dadurch lassen sie sich leichter wieder herausnehmen.

WERKSTATTEINRICHTUNG

Eine Werkstatt sollte so eingerichtet sein, daß man möglichst wenig umherlaufen muß. Natürlich spielen auch die jeweilige Räumlichkeit sowie Anzahl und Art der im Einzelfall benötigten Gerätschaften eine Rolle; deshalb hier nur einige generelle Richtlinien. Auf der Zeichnung läßt sich erkennen, welche Anordnung praktisch ist und was man vermeiden sollte. Die meisten Vorschläge sind ohnehin eine Sache des gesunden Menschenverstands. So leuchtet jedem ein, daß man feuchte Arbeiten nicht direkt neben der Papieraufbewahrung durchführt, oder daß man das Mischen der Farben am besten bei Tageslicht, zumindest aber unter einer gleichmäßigen künstlichen Beleuchtung mit richtiger Farbwiedergabe vornimmt. Einige Arbeitsvorgänge, wie zum Beispiel ultraviolette Bestrahlung, sind gesundheitsschädlich oder gefährlich, und der Drucker muß sich entsprechend schützen. Dunkelkammer und andere Naßzonen mit elektrischem Anschluß müssen eine automatische Sicherung haben.

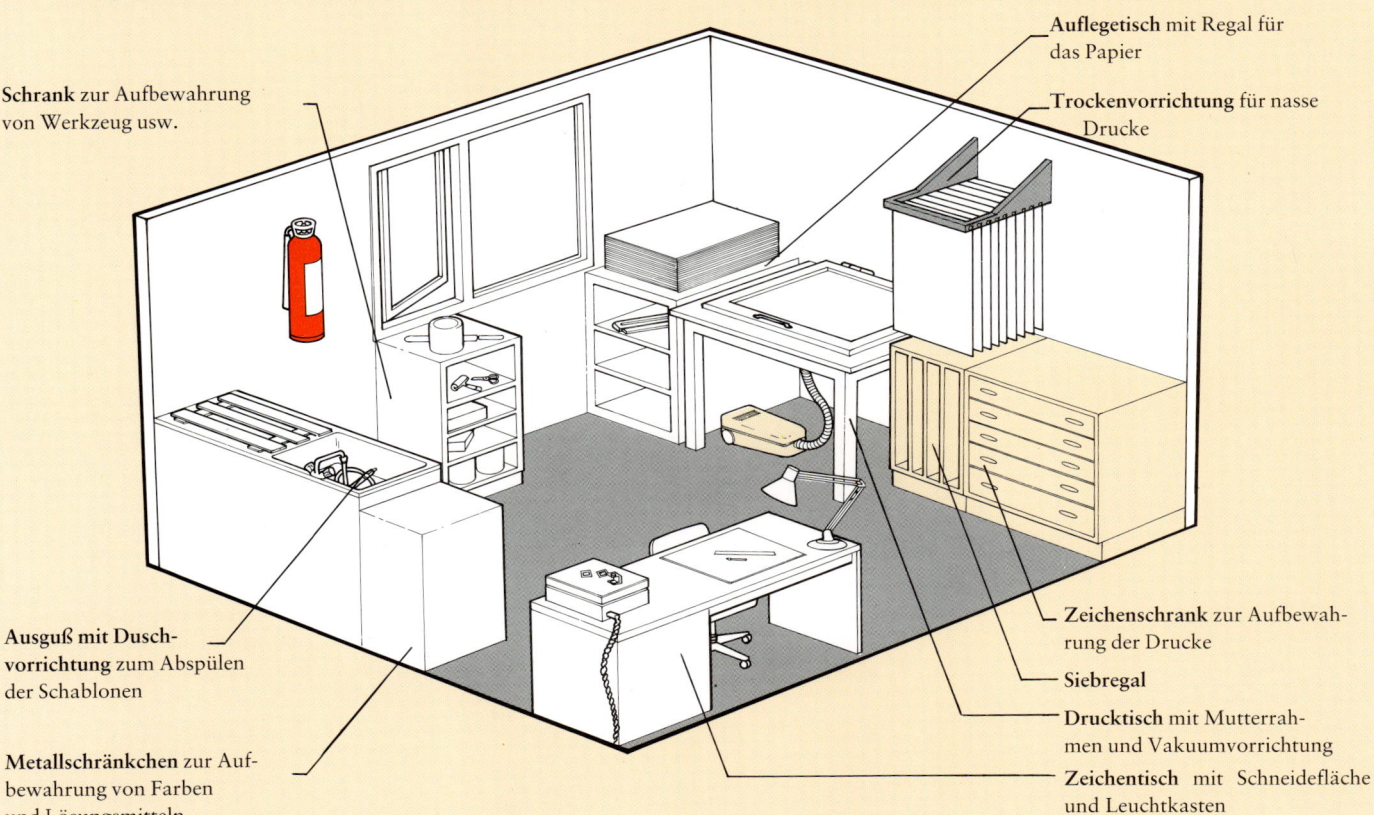

Schrank zur Aufbewahrung von Werkzeug usw.

Ausguß mit Duschvorrichtung zum Abspülen der Schablonen

Metallschränkchen zur Aufbewahrung von Farben und Lösungsmitteln

Auflegetisch mit Regal für das Papier

Trockenvorrichtung für nasse Drucke

Zeichenschrank zur Aufbewahrung der Drucke

Siebregal

Drucktisch mit Mutterrahmen und Vakuumvorrichtung

Zeichentisch mit Schneidefläche und Leuchtkasten

Der Druckvorgang

Die Druckunterlage wird so vorbereitet, daß Bedruckstoff, Druckfläche und Sieb parallel aufeinander zu liegen kommen. Wenn eine Kante des Siebs höher steht, kann das fertige Bild leicht verzerrt sein.

Verwendet man einen professionellen Drucktisch, ist es zweckmäßig, die hintere Tischkante etwa 30 cm zu erhöhen, indem man Ziegel unter die Beine legt. Das hat den Vorteil, daß sich der Drucker nicht so sehr über das Sieb zu strecken braucht, außerdem kann er beim Abwärtsrakeln neben seiner Kraft auch sein Körpergewicht einsetzen. Hohe Druckauflagen sind dadurch weit weniger ermüdend. Darüber hinaus kann man die Passergenauigkeit mit dem Auge besser überprüfen, da die Parallaxenverschiebung (*siehe S. 64*) geringer ist. Wenn man eine Einarmrakel verwendet, wird durch die Erhöhung auch weitgehend vermieden, daß die Farbe hinter das Sieb läuft. Und schließlich verhindert man dadurch auch, daß der Drucktisch als Ablage für alle möglichen Dinge verwendet wird.

Die Druckmethode, die hier vorgestellt wird, ist nicht die einzig mögliche, aber sie hat sich allgemein als die sauberste und wirkungsvollste herausgestellt. Das Sieb bleibt dabei immer naß, und es gibt keine Probleme mit eingetrockneter Farbe. Diese wird auf kleinstmöglichem Raum verdruckt; es ist nämlich ausgesprochen ermüdend und darüber hinaus fruchtlos, die Farbe über eine große Siebfläche zu ziehen, ohne daß sich darunter eine offene Schablone befindet. Außerdem sollte die Farbe weder mit dem oberen noch mit dem unteren Rand des Siebrahmens in Berührung kommen, damit Rakelgriff und Hände des Druckers sauber bleiben.

Größere Bilder druckt man besser von der Seite mit einer Einarmrakel, die an der Rückseite des Tisches an einer Führungsschiene befestigt ist. Auch mit der Einarmrakel wird, ähnlich wie beim Handdruck, zunächst geflutet und dann gedruckt; man muß nur beachten, daß der Zug in Richtung der Ecke mit den Anlegemarken ausgeführt wird.

Der Handdruck

Wenn alle Vorbereitungen getroffen sind, wird die Farbe mit Hilfe eines Palettenmessers in die Farbruhe zwischen Schablone und Rahmen gegossen (1). Vor dem eigentlichen Drucken wird das Sieb mit Farbe überzogen oder ›geflutet‹. Dazu hebt man die Rahmenvorderseite hoch, setzt die Rakel hinter der Farbe an und bewegt sie dann im flachen Winkel und fast ohne Druck von sich weg über die Schablone hin und noch etwa 5 cm darüber hinaus (2). Am Ende der Flutschicht hebt man die Rakel sauber ab, um die Oberflächenspannung der Farbe zu unterbrechen (3). Dann läßt man den Rahmen herunter, faßt die Rakel mit beiden Händen und zieht sie mit einem gleichmäßigen, festen Druck zu sich heran. Das ist das eigentliche Drucken (4). Anschließend hebt man die Rakel wieder sauber hoch, damit die Farbe nicht tropft (5).

SAUBERES ARBEITEN

Da die Randstreifen des Drucks normalerweise sauber sein sollen, muß der Drucker darauf achten, sich die Hände nicht schmutzig zu machen. Hierzu ein paar Tips: Beim Ausgießen der Farbe faßt man den Farbtopf mit einem Stückchen Papier an. Mit einem Palettenmesser kann man den Farbfluß auf das Sieb steuern. Um die Reinigungsarbeiten auf ein Minimum zu beschränken, sollte man den Tisch, auf dem die Farben stehen, mit Zeitungspapier abdecken, das man hinterher einfach wegwirft.

ALLGEMEINE RATSCHLÄGE FÜR DAS DRUCKEN

Beim Drucken läßt sich nichts erzwingen, und eine fehlerhafte Technik kann man nicht mit bloßer Kraft ausgleichen.

Es ist, ganz allgemein gesagt, einfacher, korrekt zu drucken, als schlechte Arbeit zu leisten. Auch wenn eine gute Drucktechnik an einem mittelmäßigen Bild keine Wunder vollbringen kann, wird die Herstellung dadurch zumindest erträglich. Bei richtig eingestellten Gegengewichten am Rahmen sollte sich dieser unabhängig von seiner Größe mühelos heben und senken lassen. Wenn das Rakelblatt weich und scharf ist, läßt sich die richtig verdünnte Farbe auch durch die feinsten Detailschablonen auf relativ grobes Papier drucken.

Die meisten Probleme, die beim Drucken auftreten, kann man mit ein bißchen gesundem Menschenverstand lösen. Wenn beispielsweise alles richtig vorbereitet wurde, Farbe, Rakel und Druckunterlage zusammenpassen, die Farbe aber trotzdem nicht durch eine Fotoschablone hindurchgeht, kann es einfach daran liegen, daß man vergessen hat, die Trägerschicht von der Schablone zu entfernen. Eine falsch bearbeitete Fotoschablone haftet nicht am Sieb. Wenn sie nicht richtig ausgewaschen wurde, kommt es vor, daß die Farbe an bestimmten Stellen nicht durchdruckt, da die Emulsionsreste in den offenen Schablonenpartien als Schaum eingetrocknet sind.

REINIGUNG

Es gibt eine ganze Reihe von Universalreinigern, mit denen man das Sieb vor dem nächsten Farbauftrag oder vor einer erneuten Verwendung säubern kann. Dabei ist es notwendig, daß alle Farbspuren entfernt werden. Aus den Herstellerhinweisen kann man entnehmen, welches Reinigungsmittel für welche Art von Farbe in Frage kommt.

Das Reinigen ist der Fluch des Siebdrucks. Doch wenn man die folgenden Schritte beachtet, geht es relativ schnell und unproblematisch. Man legt einen Stoß von drei oder vier Lagen Zeitungspapier unter das Sieb. Die Farbe wird mit der Rakel vorne am Rahmen gesammelt und über die Rahmeninnenkante aufgenommen. Man hält den Farbbehälter über das Sieb und läßt die Farbe mit Hilfe eines Palettenmessers von der Rakel in das Gefäß fließen. Dies wiederholt man so oft, bis der Großteil der Farbe wieder im Topf ist. Der kleine, noch auf dem Sieb verbliebene Rest wird mit dem Messer entfernt und das Sieb anschließend mit einem Lappen abgewischt. Man wirft die oberste Schicht Zeitungspapier weg und säubert das Sieb mit dem entsprechenden Lösungsmittel bzw. Wasser, wenn es sich um wasserlösliche Farbe handelt. Dabei reibt man alle Reste in die nächste Schicht Zeitungspapier, so lange, bis das Sieb sauber ist. Das restliche Lösungsmittel wird mit einem sauberen Tuch in eine neue Lage Zeitungspapier gerieben. Mit so simplen Hilfsmitteln ist das Reinigen also nur halb so schwer.

Reinigung des Siebs
Unter das Sieb legt man einen Stoß Zeitungspapier (1). Mit der Rakel zieht man die Farbe an den vorderen Siebrand, nimmt sie mit dem Rakelblatt auf und gibt sie zurück in den Farbtopf (2). Anschließend säubert man das Sieb mit einem Tuch und dem entsprechenden Lösungsmittel (3).

1   2   3

Einrichtungstechniken

Als Einrichtung bezeichnet man den Arbeitsgang, der die Position des Papiers zu Sieb und Schablone bestimmt. Richtig ausgeführt sorgt sie dafür, daß eine bestimmte Farbe auf einer beliebigen Zahl von Blättern immer in der gleichen Position gedruckt wird.

EINRICHTEN MIT KARTONSTREIFEN

Voraussetzung ist, daß die Position der Schablone zur Druckbasis gleich bleibt. Ein brauchbarer Drucktisch muß daher gewährleisten, daß der eingespannte Siebrahmen sich nicht horizontal verschieben kann. Außerdem muß das Papier immer exakt an derselben Stelle auf die Druckbasis gelegt werden. Dazu benötigt man die sogenannten Passer- oder Anlegemarken, drei kleine Rechtecke aus Karton oder Plastik, die auf die Druckbasis geklebt werden.

Nachdem man die Anlegemarken mit doppelseitigem Klebeband an der richtigen Stelle befestigt hat, empfiehlt es sich, sie noch zusätzlich mit einem Klebestreifen zu sichern, damit sie während des Druckens auf keinen Fall verrutschen können. Der Drucker sollte sich beim Anlegen des Papiers nicht nur auf sein Augenmaß verlassen, sondern sicherstellen, daß der Druckbogen an die Passermarken stößt.

Auf dem ersten Blatt, das man bedruckt, wird die Position der Anleger angezeichnet, damit die Marken für die folgenden Farben an die entsprechenden Stellen gesetzt werden können. Mit einem Pfeil gibt man auf diesem Blatt auch die Richtung des Rakelzugs an. Da sich das Sieb leicht ausdehnt, wenn die Rakel darübergezogen wird, müssen alle Farben in der gleichen Richtung gedruckt werden.

EINRICHTEN NACH AUGENMASS

Die einfachste Art der Einrichtung geschieht nach optischen Kriterien. Dazu muß man zunächst die Vakuumpumpe ausschalten. Dann schiebt man ein Stück Papier, das bereits mit einer oder mehreren Farben bedruckt wurde, solange unter dem Sieb hin und her, bis es nach Augenmaß in der richtigen Drucklage zur Schablone liegt. Wenn das Sieb größer ist als das Papier, klebt man zwei Verlängerungen aus Karton an das Blatt, mit deren Hilfe man es unter dem Sieb bewegen kann. Sobald der Druck passergenau liegt, wird er auf die Druckbasis geklebt und der Siebrahmen angehoben. Nun kann man die Anlegemarken an denselben Stellen wie bei den vorhergehenden Farben anbringen.

Einrichten mit Anlegemarken
Um sicherzugehen, daß das Papier immer an der gleichen Stelle auf der Druckbasis liegt, verwendet man Passermarken (Rechtecke aus Karton oder Plastik). Man schneidet aus einem Stück Plastik (250–400 μm stark), das eine andere Farbe als die Druckbasis haben sollte, drei Rechtecke von je 5 × 2,5 cm aus und versieht sie mit doppelseitigem Klebeband. Auf dem Bild kann man sehen, daß zwei der Rechtecke an der Längsseite des Papiers am Tisch befestigt werden. Das Papier wird genau an die Marken angelegt und das dritte Rechteck an der Querseite angebracht. Die beiden Eckmarken versetzt man ungefähr einen Zentimeter von der Ecke nach innen, da das Papier an dieser Stelle oft beschädigt wird und man es dann nicht mehr korrekt anlegen kann. Zum Abschluß der Einrichtung befestigt man die Passermarken noch zusätzlich mit einem Klebestreifen, um ein Verrutschen völlig auszuschließen.

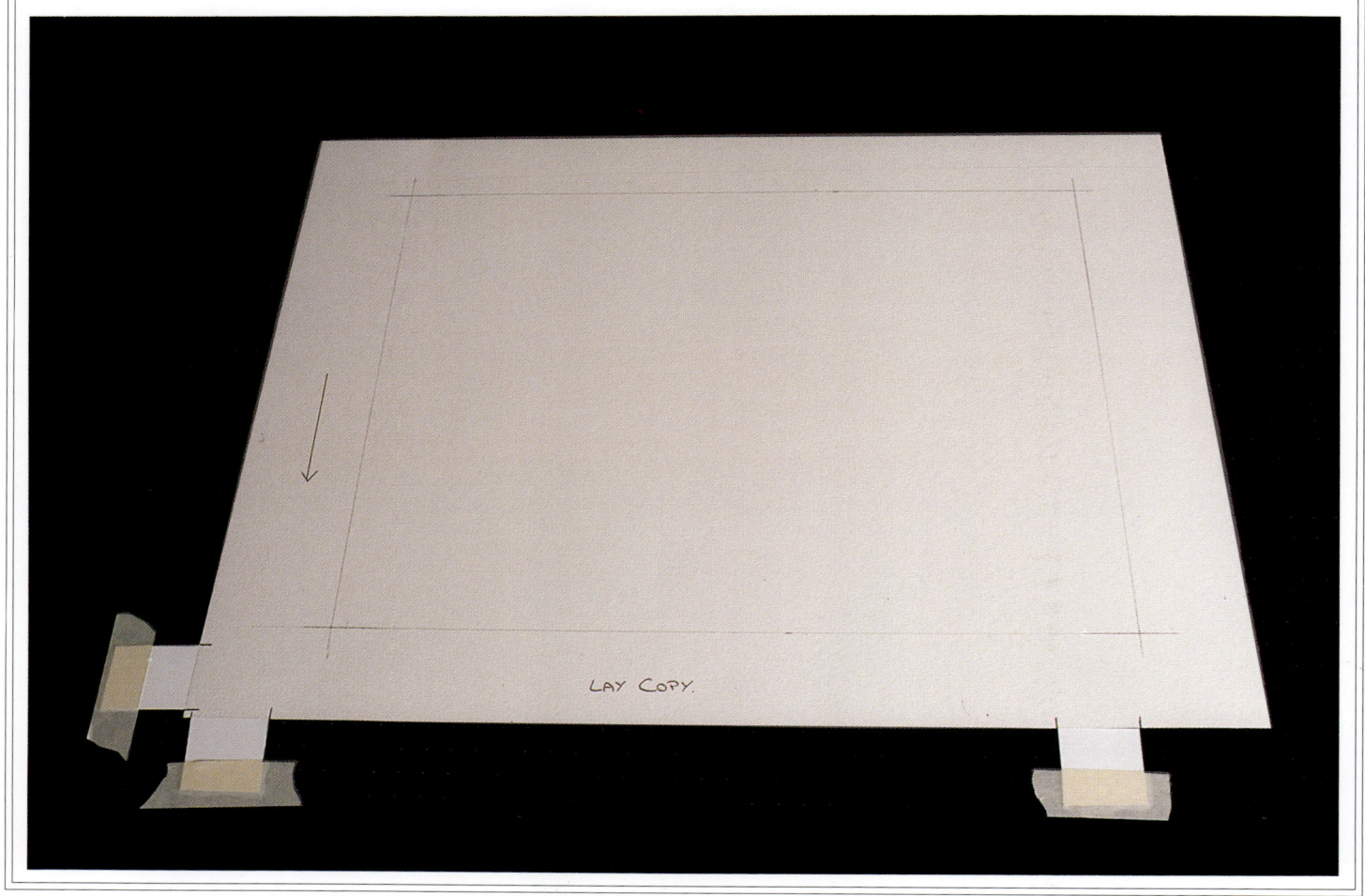

LAY COPY.

EINRICHTEN AN PRÄZISIONSDRUCKTISCHEN

Der Präzisionsdrucktisch erlaubt ein verfeinertes Einrichtungssystem, da man die Druckbasis in alle Richtungen etwas bewegen kann. Hat man das Bild unter dem Sieb mit der Schablone annähernd zur Deckung gebracht, dann löst man die Arretierung des Tisches und nimmt die Feineinstellung durch leichtes Bewegen der Druckbasis vor. Nachdem das Bild passergenau liegt, schaltet man die Vakuumvorrichtung ein, damit es auf der Unterlage nicht mehr verrutscht. Dann stellt man die Arretierung wieder fest, weil sich die Druckbasis durch die Vibrationen des Vakuummotors und die Bewegung des Siebs in den Scharnieren etwas verschieben kann. Ohne Arretierung des Drucktisches lassen sich diese Bewegungen in der ganzen Auflage erkennen, denn jeder Abzug wird eine leichte Passerdifferenz aufweisen.

EINRICHTEN MIT FOLIE

Für eine andere Methode der passergenauen Einrichtung, die auch sehr häufig angewandt wird, benötigt man einen Bogen dünner, fester Transparentfolie (240–400 μm) in gleicher Größe wie die Druckunterlage. Man befestigt diese an der Vorderkante des Drucktisches, so daß das Klebeband wie ein Scharnier wirkt. Dann druckt man das Bild auf die Plastikfolie. Das eigentliche Druckpapier wird nun unter die Folie gelegt und solange hin- und hergeschoben, bis die Einrichtung mit dem Druck auf der Folie passergenau übereinstimmt. Anschließend schlägt man die Folie vorsichtig zurück, senkt das Sieb und zieht die Farbe darüber. Mit dieser Methode kann man auch eine fehlerhafte Einrichtung der ersten Farben eines Drucks wieder ausgleichen.

REGISTERBOGEN

Die genaueste Art der Einrichtung erhält man mit einem transparenten Registerbogen. Man legt das Druckpapier nach Augenmaß genau unter das Sieb und zieht dann einen dünnen Plastikbogen darüber (ideal ist die Trägerfolie von Fotoschablonen). Die Folie muß dabei gestrafft werden. Man befestigt sie an der entferntesten Ecke des Drucktisches und zieht sie quer zur diagonal gegenüberliegenden Ecke, wo sie ebenfalls fixiert wird. Desgleichen verfährt man mit den beiden anderen Ecken. Das Bild wird dann auf die transparente Folie gedruckt. Das darunterliegende Papier kann man verschieben, bis die Einrichtung passergenau stimmt. Anschließend bringt man die Passermarken an und entfernt den Registerbogen.

IN EINEM PROFESSIONELLEN ATELIER

Ein Künstler, der eine gewisse Auflage von einem Werk drucken möchte, aber selbst nicht über die Möglichkeiten dazu verfügt, kann sich an eine der vielen Druckwerkstätten wenden, die darauf spezialisiert sind, Kunstdrucke anzufertigen und herauszugeben.

Verschiedene Faktoren spielen bei der Auswahl des Ateliers eine Rolle: 1. Gibt es die Möglichkeit, eine hohe Auflage zu drucken und zu trocknen? 2. Sind Fachkenntnis und Kapazität ausreichend, um eine limitierte Auflage mit allen für das Bild benötigten Farben in akzeptabler Qualität zu drucken (z. B. 20 Farben × 100 Blatt = 2 000 Durchgänge)? 3. Das wichtigste aber ist: Werden die Kosten für den Zeitaufwand richtig eingeschätzt? Viele Künstler sind überrascht, wenn sie feststellen, daß sie Drucke für einen Lohn angefertigt haben, der lediglich dem eines Druckerlehrlings entspricht. Die beste Art der Zusammenarbeit besteht darin, einen Verleger zu finden, der Druckkosten und Bezahlung des Künstlers übernimmt.

ZUSAMMENARBEIT ZWISCHEN KÜNSTLER UND ATELIER

Eine fruchtbare Zusammenarbeit entsteht nur dann, wenn es einen wechselseitigen Austausch gibt. Der Künstler vermittelt seine Vorstellungen bezüglich des Drucks und erwartet vom Atelier die Entwicklung neuer Techniken, ein Bild umzusetzen. In der Druckwerkstatt bemüht man sich andererseits darum, Fachkenntnis und Wissen zu erweitern, Vorschläge zu unterbreiten, die der Arbeit zugute kommen, und Lösungen für künstlerische Probleme zu finden. Professionelle Drucker sollten in der Lage sein, jedes technische Problem, das der Künstler an sie heranträgt, zu lösen und diese Lösung in einen Druck umzusetzen.

In den Vereinigten Staaten nennt man die Person, die für die Umsetzungsprobleme zuständig ist, ›chromist‹ oder ›originator‹. Doch selbst wenn dieser über mehr zeichnerisches Können und Kreativität verfügt als der Künstler selbst, bleiben die letzten Entscheidungen doch immer letzterem vorbehalten. Vor Beginn der Drucklegung muß der Künstler mit dem Drucker durchsprechen, wie er sich das Ergebnis vorstellt und worauf es ihm während des Druckvorgangs ankommt. Im Atelier sollte man andererseits darauf bedacht sein, keine gleichförmigen Produkte mit immer denselben bevorzugten Techniken zu liefern. Auf der Basis gegenseitiger Achtung zwischen Künstler und Drucker entstehen Werke, die nicht nur technisch vollkommen sind, sondern auch wirklich innovativen Charakter haben.

DER ANDRUCK

Der Andruck ist das letztendliche Ergebnis einer Reihe von Entscheidungen und Probedrucken. Es ist der Probedruck, der den Künstler am meisten zufriedenstellt und den er als Orientierungsgrundlage für die ganze Auflage wünscht. Obwohl mit dem Andruck die Richtlinien gesetzt sind, gibt es während des Druckvorgangs immer noch qualitätsverbessernde Veränderungen. Dazu gehören etwa feine Farbveränderungen oder die Verwendung zusätzlicher Farben nach Gutdünken des Künstlers.

Einrichtungsprobleme

ährend des Arbeitens gibt es drei Stufen, bei denen sich Fehler in der Einrichtung einschleichen können: Entwurf, Bearbeitung und Druck. Wenn die Originalpositive oder Schablonen nicht passergenau sind, wird es auch der Druck nicht sein. Die Genauigkeit, mit der man die Schablonen während der Herstellung einrichtet, ist demnach die Grundlage für die Passergenauigkeit des fertigen Drucks.

EINRICHTEN DER SCHABLONEN

Am genauesten lassen sich Schablonen mit dem Registersystem einrichten. Dazu gehören ein spezieller, ganz genauer Locher (je größer, desto genauer), einige Bogen dünner, fester Transparentfolie, die gelocht werden. Die Folien hängt man in eine sogenannte Registerleiste ein, ein Metallband mit Stiften in den gleichen Abständen wie die Lochungen. Die Registerleiste kann mit doppelseitigem Klebeband auf dem Leuchttisch, dem Zeichenbrett oder jeder anderen Arbeitsunterlage fixiert werden. Die Schablone wird auf die Folie gezeichnet oder auf ihr befestigt. Damit ist sie automatisch passergenau zu jeder anderen mit der gleichen Lochung. Der Vorteil dieses Systems liegt darin, daß man jederzeit die Einrichtung überprüfen kann, indem man die Schablonen an den Stiften auswechselt. Das ist wesentlich einfacher, als wenn man sie zusammenkleben müßte.

Die Verwendung von Paßkreuzen ist eine weitere Möglichkeit zur Einrichtung von Schablonen. Diese werden von einer Originalzeichnung in die vier Ecken jeder Schablone übertragen. Bei der Einrichtung bringt man die Kreuze der verschiedenen Schablonen zur Deckung. Das Problem dabei ist, daß die Kreuze oft nicht ganz genau gezeichnet sind oder bei der Bearbeitung beschädigt werden. Alle Methoden der Schabloneneinrichtung beruhen letztendlich auf einem guten Augenmaß bei der ersten Abstimmung aufeinander.

Die schwierigste Art der Einrichtung ist die auf Stoß. Salopp ausgedrückt bedeutet das, daß sich die Farben ›küssen‹ sollen. Aber selbst wenn Schablonen perfekt zueinander passen, sind beim Positiv- und Negativdruck ein und desselben Bildes weiße Ränder zwischen den Farben unvermeidlich. Dies liegt an Papierverschiebungen, verzogenen Schablonen, mangelnder Festigkeit des Materials oder Ausdehnung des Siebs. Um dem entgegenzuwirken, werden die Schablonen unter- bzw. überschnitten. Das bedeutet: Wenn eine helle Farbe an eine dunkle angrenzt, wird die helle Farbe an der gemeinsamen Kante minimal größer geschnitten, so daß die dunkle Farbe darüberdruckt.

Mit der Zeit bekommt man mehr Übung in dieser Technik und wird geschickter, so daß die Überschneidungen immer kleiner ausfallen. Wenn die Farben hell oder transparent genug sind, läßt sich die Über- bzw. Unterstrahlung vermeiden, indem man die helle Farbe dem ganzen Überdruck unterlegt (manchmal muß man dazu die beiden Fotoschablonen kombinieren).

Registersystem
Die Transparentfolie wurde mit einem Folienlocher gelocht und in eine am Leuchttisch befestigte Registerleiste eingehängt. Jede Schablone, die auf die Folie gezeichnet oder an ihr befestigt wird, stimmt passergenau mit allen anderen überein, die auf die gleiche Art gelocht und aufgehängt werden.

PASSERDIFFERENZEN
BEIM BEARBEITEN VON SCHABLONEN

Wenn man die einzelnen Arbeitsgänge nicht sorgfältig ausführt, entstehen Passerdifferenzen. Ein Druck, bei dem es auf große Passergenauigkeit ankommt, muß daher ganz systematisch durchgeführt werden. Die Passergenauigkeit einer Reihe von Schablonen ist gewährleistet, wenn sie hintereinander auf gleich großen, bereits maskierten Sieben hergestellt werden. Die Siebe müssen die gleiche Fadenzahl aufweisen und die Schablonen immer an der gleichen Stelle angebracht werden. Verwendet man indirekte Fotoschablonen, die mit heißem Wasser ausgewaschen worden sind, müssen diese vor der Befestigung am Sieb kalt gespült werden, damit sie wieder ihre ursprüngliche Größe bekommen. Weiter ist zu beachten, daß das Schablonenmaterial beim Anbringen nicht verzogen oder geknickt wird. Kapillarschablonen haben indirekten Schablonen gegenüber den Vorteil, daß man sie vor dem Belichten am Sieb befestigt.

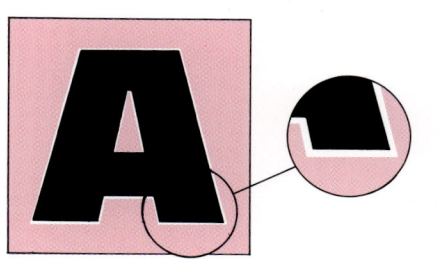  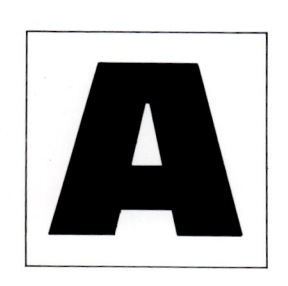

Über- bzw. Unterstrahlung
Mit dieser Art der Einrichtung will man die weißen Zwischenräume vermeiden, die entstehen, wenn man von einem Bild eine Negativ- und eine Positivschablone druckt (*links*). Dabei wird die helle Farbe (*Mitte*) etwas kleiner ausgeschnitten als die dunkle (*rechts*).

BIANCA JUARREZ
Falsch verbunden

Die Einrichtung für diesen Druck erfolgte
dadurch, daß die schwarze Schablone zuerst in
einem Transparentgrau gedruckt wurde,
wodurch man eine genaue Orientierungslinie für
alle weiteren Schablonen erhielt.

EINRICHTUNG DES PAPIERS

Auch bei dem Druckpapier gibt es Einrichtungsprobleme. Wenn es einen Büttenrand hat, muß es gefalzt oder zurechtgeschnitten werden, um passergerade Kanten zu bekommen. Außerdem sollte man es eine Zeitlang ablagern und, wenn möglich, mindestens 24 Stunden zur ›Akklimatisierung‹ im Druckraum im Regal aufbewahren. Wenn man einen Durchlauftrockner verwendet, empfiehlt es sich, das Papier zum Festigen einmal trocken hindurchzuschikken. Geleimtes Papier hält den Stand besser als ungeleimtes. Will man ein neues oder bislang noch nicht verwendetes Papier verarbeiten, sollte man es zuvor auf Stabilität und Farbverträglichkeit überprüfen.

PASSERDIFFERENZEN BEIM DRUCKEN

Auch das Drucken selbst kann Passerprobleme aufwerfen: Stärke und Winkel des Rakelzugs, Viskosität der Farbe, Weichheit bzw. Schärfe des Rakelblatts – durch all das kann das Sieb beschädigt oder gedehnt werden. Auch die Fadenzahl, die Straffheit des Siebs und die Absprunghöhe wirken sich aus. Deswegen empfiehlt es sich, alle Veränderungen, die man noch vornimmt, mit Bleistift auf dem Druck zu notieren. Veränderungen durch absichtliches Verschieben der Anlegemarken sollte man während des Auflagendrucks auf jeden Fall unterlassen. Da die Rakel das Sieb leicht dehnt, sollte der Rakelzug in Einklang mit dem Bild stehen. Druckt man beispielsweise parallele Linien, ist eine Rakelführung entlang dieser Linien ratsam.

ÜBERPRÜFUNG DER EINRICHTUNG

Es gibt eine Reihe von Möglichkeiten, wie man die erste Einrichtung auf Genauigkeit überprüfen kann. Vor allem beim Stufendruck ist die Kontrolle über das Augenmaß leichter, wenn man ein Positiv auf den Druck heftet. Wenn das Positiv gegen einen dunklen Hintergrund nur schwer zu erkennen ist, hilft es, ein Blatt Seidenpapier zwischen Druck und Positiv zu legen.

Wenn man bei hellen Farben versucht, die Kanten aufeinander zu legen, sollte man auf dem Registerbogen kleine Teile des Bildrands wegradieren, damit man den Druck darunter erkennen kann. Bei einem Papier mit hellem oder weißem Rand kann man diesen mit Wasserfarbe tönen, damit man sieht, wo die Druckfarbe beginnt. Eine Farbe, die für die Einrichtung zu transparent ist, wird durch mehrmaliges Überdrucken dunkler. Manchmal erweist es sich für die Einrichtung als günstiger, zuerst die Mitteltöne, statt der transparenten oder blassen Farben zu drucken. Will man eine Anzahl von Farben mit einer Linie umgeben, empfiehlt es sich, als Orientierungshilfe zunächst mit einer transparenten Farbe zu drucken. Bei einem Auflagendruck sollte man hin und wieder einen frühen Abzug überdrucken, um sicherzugehen, daß sich Papier oder Bild nicht verschoben haben.

PROBLEME MIT DEM GEWEBE

Der Siebdruck hat einen besonderen Vorteil gegenüber anderen grafischen Techniken wie Lithographie oder Radierung: Passerprobleme, die sich aus einem beschädigten Sieb ergeben, lassen sich wieder korrigieren, denn man kann kleinere Schäden am Sieb relativ einfach ausbessern. Es bieten sich dazu eine Reihe von Möglichkeiten an. So läßt sich das Sieb mit Klebeband an einzelnen Stellen dehnen, oder man verändert den Rakeldruck und/oder die Absprunghöhe. Ein Sieb, das sich durch Witterungsverhältnisse verzogen hat, verändert sich wieder, wenn man den maskierten Bereich vorsichtig mit einem Wasserzerstäuber befeuchtet.

Der Farbdruck

Beim Farbdruck sind zwei Aspekte zu beachten: die Auswahl der Farben nach ästhetischen, aber auch nach technischen Gesichtspunkten; im zweiten Fall gilt es zu bedenken, wie die jeweiligen Farben zu mischen sind bzw. zusammenpassen. Die Entscheidungen bezüglich der Farbgebung fällt in erster Linie der Künstler. Die Zusammensetzung einer Farbe hingegen und ihre Eignung zum Überdrucken werfen technische Probleme auf, bei deren Lösung Fachkenntnis und Erfahrung hilfreich sind.

Das geschickte Mischen von Farben ist eine der vielen Fähigkeiten, über die ein Drucker verfügen muß. An dieser Stelle mag eine vereinfachte Erläuterung, wie Farben eigentlich gesehen werden, von Nutzen sein. Farbpigmente haben die Eigenschaft, einen Teil oder alle Strahlen des sichtbaren Lichts zu absorbieren. Die nicht absorbierten Strahlen werden reflektiert und durch die Rot-, Grün- und Blaurezeptoren – Zäpfchen auf der Netzhaut des Auges – als Farben wahrgenommen. Andere Rezeptoren, die sogenannten Stäbchen, sind für die Wahrnehmung von Hell und Dunkel mit allen Zwischenstufen verantwortlich.

FARBEN FÜR DEN VIERFARBDRUCK

Die Komplementärfarben zu den additiven Primärfarben Orangerot, Grün und Violettblau sind Cyan, Magenta und Gelb. Sie werden auch trichromatische Grundfarben genannt. Die herkömmliche Vorstellung, daß Rot, Blau und Gelb Primärfarben seien, ging von der Annahme aus, daß Gelb eine echte Grundfarbe sein müsse, da es aus Pigmenten nicht gemischt werden konnte. Wenn man aber Rot, Gelb und Blau mischt, erhält man trübe Färbungen. Verwendet man statt dessen die Nachbild- oder Komplementärfarben der tatsächlichen Primärfarben, gewinnt man klare und feine Farbmischungen. Die sogenannten primären Druckfarben Cyan, Magenta und Gelb sind also in Wirklichkeit die echten Grundfarben.

MISCHEN DER FARBEN

Es verlangt einiges an Erfahrung, Wissen und Geduld, bis man Farben exakt mischen und aufeinander abstimmen kann. Die meisten Menschen können zwei zusammenpassende Farben auf einer Skala auswählen, aber sie werden die gleichen Farben kaum selbst zusammenmischen können, selbst wenn sie über die einzelnen Komponenten verfügen. Wenn eine Farbe nach Gewicht gemischt wird, benötigt man eine ganz genaue Waage. Aus kleinen Mengen errechnet man dabei den Gesamtbedarf für die jeweilige Auflage. Bei der Auswahl der passenden Farbe sind ihre Eigenschaften – transparent, deckend, lichtdurchlässig, dunkel, hell, warm, kalt – zumindest ein Anhaltspunkt für die Zusammenstellung der richtigen Mischkomponenten.

Jedes Mischen oder Aufeinanderabstimmen von Farben wird durch die jeweiligen Lichtverhältnisse beeinflußt. Leuchtstoffröhren, die einen Blaustich haben, lassen gelbe Farbtöne grünlich und rote stumpf erscheinen. Wolframlampen (warmes Licht) hingegen verstärken Rot, Grün und Gelb auf Kosten von Blau und Violett. Die beste Lichtqualität hat Mittagslicht von Norden. Beleuchtungshersteller versuchen, dieser Qualität sehr nahe zu kommen. Doch man darf dabei nicht übersehen, daß auch die Lichtmenge eine Rolle spielt. Eine Tageslichtbirne reicht nicht aus, um die für das Farbmischen notwendige Lichtqualität zu gewährleisten; dazu braucht man schon zehn Lampen in einem Raum.

FARBPRÜFDRUCK

Stellt der Drucker eine begrenzte Kunstdruckauflage von einem Originalbild her, vergleicht er mit den Farbprüfdrucken lediglich, ob die gedruckten Farben dem Original entsprechen. Handelt es sich hingegen um eine echte Serigraphie, das heißt, das Bild entsteht am Drucktisch, muß man die Farbprüfdrucke zahlenmäßig begrenzen. Will man beispielsweise ein Bild in den Farben Rot, Gelb, Blau und Grün drucken, kann man allein für die Farbe Gelb unter sehr vielen Tönen wählen. Man sollte daher für diese und die anderen Farben nur eine beschränkte Anzahl – etwa drei – auswählen und dann bestimmen, was für den Auflagendruck geeignet ist. Wenn man von den vier Farben je drei verschiedene Versionen überprüft, erhält man bereits 81 Drucke. Aus Kostengründen führt man daher diese Drucke am besten auf Karton- oder auch Plakatpapier aus.

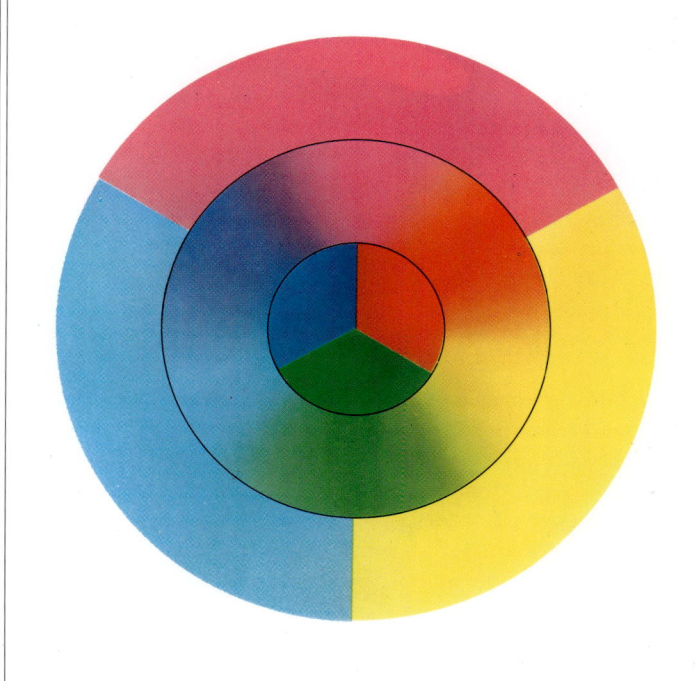

Farbkreis
Mischt man die trichromatischen Grundfarben des Außenkreises *(links)*, Cyan, Magenta und Gelb, miteinander, erhält man die additiven Primärfarben des Innenkreises.

Farbtrennung
Beim Farbdruck wird ein Bild in kleine Punkte aus den drei trichromatischen Farben und Schwarz ›aufgeteilt‹ *(oben links)*. Kombiniert man diese in unterschiedlicher Dichte, lassen sich verschiedene Schattierungen und Tönungen drucken *(oben)*.

EIGENSCHAFTEN VON FARBEN

Farben können transparent, deckend oder lichtdurchlässig sein. *Transparente Farben* sind wie buntes Glas. Das Licht kann sie durchdringen und eine darunterliegende Farbe widerspiegeln: Ein transparentes Signalrot, über Gelb gedruckt, erscheint als Orange. Transparente Farben können wie Lasuren oder abgetönte, aber auch wie ganz starke Farben wirken.

Beim Drucken gilt die Regel: Je transparenter eine Farbe ist, um so weniger wird sie die darunter liegende beeinflussen. Die Transparenz wird in Prozent der maximalen Farbintensität angegeben. Zehn Prozent Farbe bedeuten demnach zehn Prozent Pigmente in 90 Prozent transparentem Bindemittel. Je transparenter eine Farbe ist, um so weniger lichtecht ist sie auch. Transparente Farben ergeben ein Maximum an Farbvielfalt bei einem Minimum an Druckvorgängen: zwei Transparentfarben = drei Überdruckmöglichkeiten, vier Transparentfarben = zehn Überdruckmöglichkeiten.

Opake Farben überdecken im Druck jede andere darunterliegende Farbe. Alle Farben verfügen über einen gewissen Grad an Deckfähigkeit, allerdings ist es schwieriger, dunkle Farben durch Überdrucken unkenntlich zu machen als helle. Man kann die Deckfähigkeit verstärken, indem man eine dicke Farbschicht mit sirupartiger Konsistenz und grobe Siebe – 42T bis 62T – verwendet. Umgekehrt wird die Deckfähigkeit verringert, wenn man dünnflüssige Farbe aufträgt. Schwarze Farbe wirkt beispielsweise Grau, wenn man sie ganz dünn durch ein feines Sieb druckt. Ganz allgemein gesagt ist Deckfarbe lichtechter als Transparentfarbe.

Deckfarben, denen man mehr Bindemittel beimischt, werden transparenter, das heißt lichtdurchlässig. Sie können nie wirklich transparent werden, da die Eigenschaft der Farbe deckend bleibt. In der Farbqualität erinnern sie an Milchglas. Eine lichtdurchlässige Farbe läßt eine darunterliegende Farbe wie eine Abtönung des Überdrucks wirken.

Eigenschaften von Farben
Der Künstler kann die Eigenschaften von Farben verändern und dadurch eine große Vielfalt an Wirkungen erzielen. Druckt man transparente Farben *(oben links)* übereinander, erhält man ganz subtile Abstufungen. Dick aufgetragene Deckfarben *(oben rechts)* übertönen die meisten anderen Farben. Lichtdurchlässige Farben *(links)* wirken wie Milchglas.

FÄRBUNG UND TÖNUNG

Farben zeichnen sich durch ihre charakteristische Färbung oder Farbintensität aus. Wenn man eine Farbe vor dem Mischen analysiert, ist es wichtig, über ihre Eigenschaften Bescheid zu wissen. Im Farbkreis liegt Rot zwischen Gelb und Magenta. Will man demnach ein Rot mischen, so wird der jeweilige Prozentsatz von Gelb oder Magenta die Färbung bestimmen.

Die Tönung einer Farbe wird durch ihre Tendenz zu Dunkel oder Hell festgelegt. Auch diese Eigenschaft wird in Prozent gemessen: Null Prozent ist Weiß, 100 Prozent ist Schwarz. Auch wenn eine Farbe kein Schwarz enthält, kann man die entsprechende Tönung auf einer Grauskala finden. Eine Farbe wird in der Tönung abgeschwächt oder aufgehellt, indem man entweder ein weißes oder ein transparentes Bindemittel hinzufügt. Je öfter man eine helle Transparentfarbe übereinanderdruckt, um so dunkler wird sie. Deckfarben können hingegen durchaus heller werden.

Bevor man nach Möglichkeiten sucht, eine Farbe abzudunkeln, empfiehlt es sich, die Farbe Schwarz nach ihren Eigenschaften zu analysieren, falls man diese zum Mischen verwenden möchte. Schwarz absorbiert Licht. Es ist daher besser, andere Möglichkeiten des Abdunkelns zu wählen. Wenn eine Farbe intensiviert werden soll, ohne daß sie dabei ihren Farbwert verliert, wählt man Abtönfarben. Das Abdunkeln einer Farbe in ihrem Tonwert erreicht man durch Hinzufügen ihrer Komplementärfarbe. Dabei bleibt die Ausgangsfarbe weiterhin erkennbar.

Dreidimensionales Farbmodell
Für verschiedene Tönungen reduziert oder intensiviert man die Farben.

Irisdruck

Eine Farbe muß nicht gleichmäßig getönt sein. Eine der aufregendsten Techniken, die dem Künstler zur Verfügung stehen, ist der Irisdruck. Man vermengt zwei oder mehr Farben mit der Rakel sorgfältig auf dem Sieb, wobei der Übergang von der einen zur anderen Farbe sichtbar bleibt. Keine zwei Mischungen sind identisch, das jeweilige Mischungsverhältnis ist daher in das Ermessen des Künstlers gestellt.

Bei anderen Techniken werden auf das Gewebe eine oder mehrere unterschiedliche Farben getröpfelt, geklatscht, gemalt oder gewischt, bevor man mit anderen Farben darüberdruckt. Man kann beispielsweise auch mit Wachs- oder Ölkreiden auf das Gewebe zeichnen (am besten Multifilamentgewebe). Durch den Rakelzug wird die Kreide dann auf das Papier übertragen. All diese Verfahren sind vor allem für Unikate geeignet, bei denen jeder Druck anders ausfällt.

1

2

3

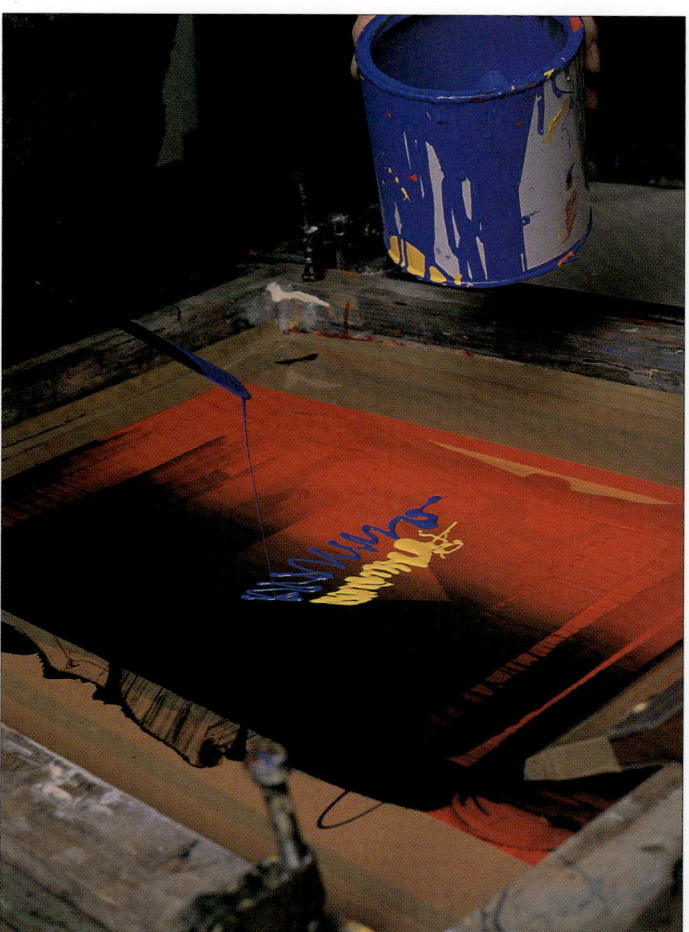

4

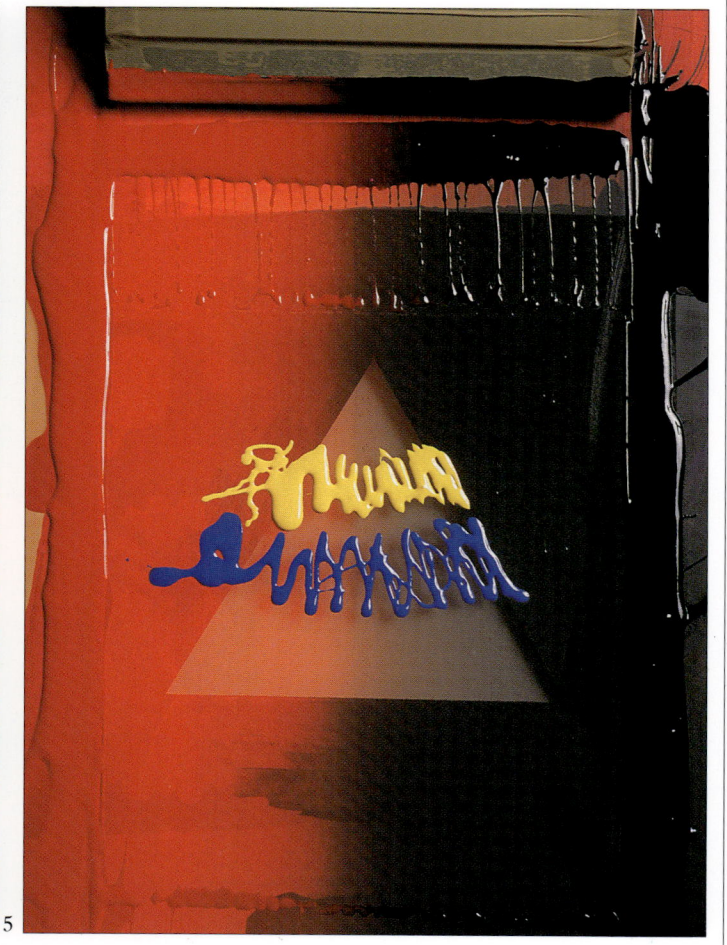

5

Verwendung irisierender Farben

Das einfache Dreieck auf den Abbildungen dieser Doppelseite wurde durch das Mischen von Farben hergestellt. In die Farbruhe am vorderen Siebrand gießt man vorsichtig schwarze und rote Farbe (1). Mit der Rakel mischt man die beiden Farben (2). Anschließend wird die vermischte Farbe über das Sieb geflutet (3). Als Ergebnis erhält man den Schattierungseffekt in dem roten Dreieck *(oben)*. Bei der Weiterentwicklung des Bildes wird gelbe und blaue Farbe über das offene Gewebe des Dreiecks getröpfelt (4 und 5) und dann gedruckt. So entsteht das fertige Bild *(rechts)*.

ANTHONY BENJAMIN
Canton 1, 2 und 3

Für dieses Triptychon hat der Künstler mit Irisdruck gearbeitet, um die zarten Farbübergänge und Tönungen in den drei Teilen des Werks zu schaffen.

Teil Fünf

SIEBDRUCK-PROJEKTE

Im Mittelpunkt der Siebdruckherstellung steht die Wahl der Schablonentechnik. Um die kreativen Möglichkeiten und die praktischen Anwendungen der sechs wesentlichen Herstellungstechniken von Schablonen zu illustrieren, baten wir sechs führende Künstler, mit jeweils unterschiedlichen Methoden einen Druck zu erstellen. Vorbedingung in fast allen Fällen war, den Druck an einem einzigen Tag durchzuführen. Dazu wurde den Künstlern ein Atelier zur Verfügung gestellt, und ein Drucker unterstützte sie bei ihrer Arbeit. Die beiden Ausnahmen bildeten der vor kurzem verstorbene Norman Stevens, von dessen Werk das Atelier einen kompletten Satz von Farbtrennungen und Farbprüfdrucken besaß, sowie Ilana Richardson, die im Studio eine der komplizierteren Techniken ausführte.

Die meisten der beschriebenen Projekte beruhen auf Methoden der Schablonenherstellung, die man auch zu Hause ohne die Ausrüstung eines professionellen Studios und ohne die Mithilfe eines erfahrenen Druckers ausführen kann. Man muß gegebenenfalls nur entsprechend unkomplizierte Bilder wählen und die Größe des Drucks sowie die Höhe der Auflage dem eigenen Können und der Ausrüstung anpassen. Doch selbst vor Fotoschablonen braucht man als Hobbykünstler nicht gleich zurückzuschrecken. Der Druck von Cozette de Charmoy auf Seite 127 wurde in einem vorübergehend umfunktionierten Badezimmer und mit dem damals billigsten 35-mm-Vergrößerungsgerät hergestellt. Der größte Teil der Druckausrüstung war selbst gebaut.

Neben den in Auftrag gegebenen Projekten werden zu jedem Bereich weitere Druckarbeiten von professionellen Künstlern vorgestellt, die mit denselben Techniken geschaffen wurden. Bei vielen Drucken wendeten die Künstler mehr als eine Technik an. So stellte beispielsweise Patrick Hughes sein Werk *Regenbogen auf einem Zug (siehe S. 80)* mit handgefertigten und Schneidefilmschablonen her. Die vorgestellten Projekte wurden jeweils nur nach einer einzigen Methode geschaffen. Einer der großen Vorteile des Siebdrucks ist es jedoch, daß man mehrere Techniken miteinander verbinden kann und dadurch eine große Bandbreite verschiedener Stile erhält.

Die Vielfalt der gestalterischen Möglichkeiten reicht von dem konkreten Gedicht Henri Chopins *(siehe S. 78)*, bei dem geschnittene Papierschablonen für die Fahnen und auf Folie vergrößerte Fotokopien für den Text verwendet wurden, über so sorgfältig ausgearbeitete fotografische Kompositionen wie die von Boyd und Evans und Jack Miller *(siehe S. 125)*, bis zu den feinen, handgesprühten Schablonen der Landschaften Brendan Neilands *(siehe S. 112)*.

Papierschablonen

G eschnittenes oder gerissenes Papier ist eine ganz unmittelbare Art der Schablonenherstellung. Vor dem Drucken sind keine zusätzlichen Arbeitsgänge nötig. Die fertige Schablone wird mit kleinen Stücken doppelseitigen Klebebands provisorisch am Sieb befestigt und der erste Abzug gemacht. Das Papier haftet nun vor allem durch die Farbe am Sieb. Die gestalterischen Möglichkeiten sind groß: Sie reichen von gerissenen Figuren, die sich an den Händen halten, bis zu den komplizierten Unikaten von Arthur Secunda. Druckt man viele transparente Farben durch sorgfältig gerissene Schablonen, kann man gleichzeitig feine und komplizierte Bilder hervorbringen.

Wenn man als Ausgangspunkt ein bereits vorhandenes Original benutzt, muß man zuerst die wesentlichen Bereiche des Bildes durchpausen. Anschließend überträgt man jedes einzelne Element auf ein eigenes Blatt Zeitungspapier. Die durchgepausten Teile werden aus dem Papier gerissen. (Mit einem kleinen Lineal als Führungshilfe kann man sich die Arbeit erleichtern; siehe gegenüberliegende Seite.)

Mit Hilfe der Reiß- und Schneidetechnik lassen sich sowohl Negativ- wie Positivbilder erzeugen. Entweder reißt man die einzelnen Teile aus einem Blatt Papier und legt sie unter das Sieb, oder man entfernt aus einem Papier einzelne Bereiche und benutzt das Blatt in seiner Gesamtheit als Schablone. Im ersten Fall klebt man die unverbundenen Teile mit einem Klecks Druckfarbe an das Sieb. Verwendet man ein ganzes Blatt, werden die Ränder mit doppelseitigem Klebeband am Sieb befestigt, damit die Schablone beim Hochheben des Siebs vor dem Fluten nicht abfällt.

ANITA FORD
Der dritte Vogel

Mit Schablonen aus gerissenem Papier lassen sich
anspruchsvolle Bilder herstellen. Hier wurden
zahlreiche sorgfältig gerissene und geschnittene
Schablonen eingesetzt, die Ränder stellenweise mit
Siebfüller weicher gestaltet und übereinander gedruckt.

DRUCKEN MIT GERISSENEN PAPIERSCHABLONEN

Die Künstlerin Sandra Blow war gebeten worden, innerhalb eines Tages einen Siebdruck mit gerissenen und geschnittenen Schablonen zu gestalten. Innerhalb dieser festgesetzten Zeit verfertigte sie einen Achtfarbendruck auf der Grundlage einer einfarbigen Collage. Für jede Farbe führte sie mehrere Farbprüfdrucke durch, bis das Ergebnis sie zufriedenstellte. Am Siebdruck reizen sie vor allem die vielfältigen Experimentiermöglichkeiten. Ihr besonderes Anliegen ist es, die Reinheit der Farben herauszubringen, wofür sich dieses Medium besonders eignet. Sandra Blow bezeichnet ihre Arbeit manchmal als nichtfunktionale Architektur.

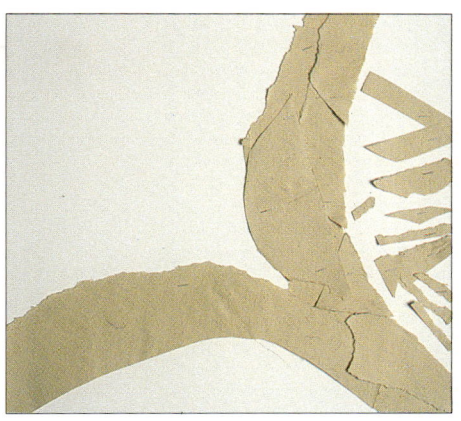

1 Die einfarbige Originalcollage ist der Ausgangspunkt für diese Arbeit.

2 Die Künstlerin paust das Original durch und befestigt das Pauspapier anschließend am Leuchtkasten. So können die einzelnen Bildelemente aus Zeitungspapier ausgerissen und im richtigen Verhältnis zueinander angeordnet werden.

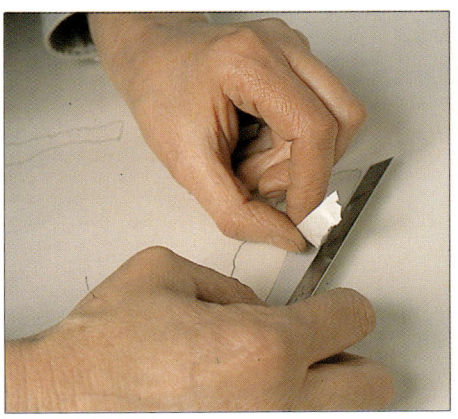

3 Damit kleine Teile einigermaßen genau gerissen werden können, benutzt Frau Blow als Führungslinie ein kleines Metallineal.

4 Die Hauptschablone für die rote Farbe wird auf einem Bogen Druckpapier, das bereits passergenau eingerichtet ist, an der richtigen Stelle angelegt. Der Drucker heftet kleine Stücke doppelseitigen Klebebands auf die Papierschablone.

5 Papier, Schablone und Sieb befinden sich in der richtigen Position zueinander. Der Drucker drückt die Klebestreifen an und vergewissert sich, daß sie haften.

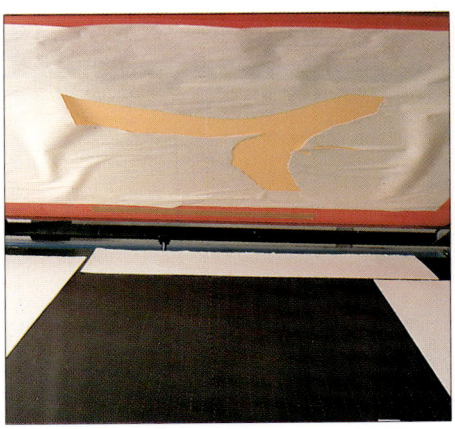

6 Der hochgestellte Siebrahmen läßt erkennen, daß die etwas faltige Schablone jetzt lose an der Siebunterseite befestigt ist.

7 Die erste Farbe wird mit einer Einarmrakel gedruckt. Beim ersten Abzug bleibt die Vakuumvorrichtung ausgeschaltet.

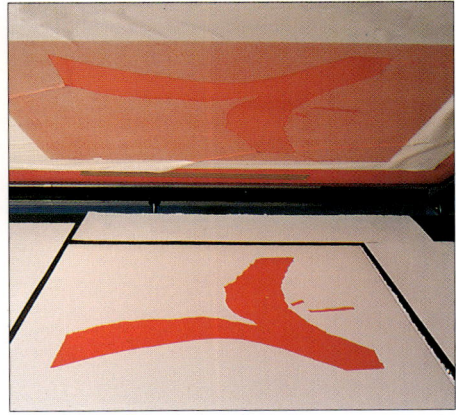

8 Nach dem ersten Abzug haftet die Schablone gut am Sieb. Die Farbe ist getrocknet und die Künstlerin hat sich vergewissert, daß sie sich an der richtigen Stelle auf dem Papier befindet. Wenn alles korrekt ist, wird die Vakuumvorrichtung eingeschaltet und die Auflage gedruckt.

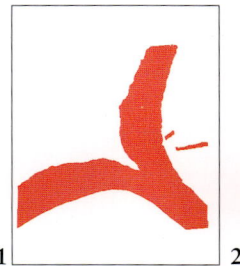     

Druckfolge

Farben sind das Hauptanliegen von Sandra Blow. Dabei legt sie besonderen Wert auf die Ausgewogenheit der einzelnen Farben in einer Komposition. Diese Reihe von Probedrucken zeigt den sorgfältigen Aufbau in allen Einzelheiten, bis die gewünschte Ausgewogenheit erreicht ist.

SANDRA BLOW
Vivace II

Der fertige Druck enthält eine Prägekante, die hinzugefügt worden ist, um den einzelnen Elementen der Komposition einen Halt zu geben und das Bild auf dem Papier mit einem Rahmen zu versehen.

DRUCKEN EINER LANDSCHAFT AUS GERISSENEM PAPIER

Die Gestaltung einer Landschaft aus gerissenem Papier kann die Grundlage für einen einfachen Druck bilden.

Bei dem Beispiel hier wurde zunächst ein blau irisierendes Rechteck für den Himmel gedruckt. Mit gerissenen Schablonen wurde immer wieder darübergedruckt, um den Mittelgrund als Positivbild zu erzeugen. Mit den Schablonen wurden gleichzeitig auch die Farben abgedeckt, die für korrekt befunden wurden. Als letztes wurde der Vordergrund gedruckt. Die einfachen Formen ergeben zusammen mit den intensiven Farben ein eindrucksvolles Bild.

1 Als erstes wird ein blaues Rechteck mit Farbenverlauf gedruckt. Dann erfolgt die Trennung von Himmel und Erde, indem man den Himmel mit einer Schablone aus gerissenem Zeitungspapier abdeckt. Für alle Druckvorgänge bleiben Sieb und Passermarken an derselben Stelle.

2 Die Schablone für den Himmel wird am Sieb befestigt, indem man die grüne Farbe, den Grundton der Landschaft, einmal über das Sieb rakelt.

3 Himmel und Erde unterscheiden sich jetzt. Zusätzlich zu der Schablone für den Himmel, die nicht mehr entfernt wird, kommen für den Vordergrund nacheinander vier weitere Schablonen hinzu. Mit diesen werden die unterschiedlichen Tiefen gestaltet.

4 Das Sieb wird immer weiter abgedeckt, bis auch der Vordergrund gedruckt ist. Diese Technik ist einfach zu handhaben, man erhält jedoch ein besseres Ergebnis, wenn man von einer echten Landschaft oder einer Landschaftsaufnahme ausgeht.

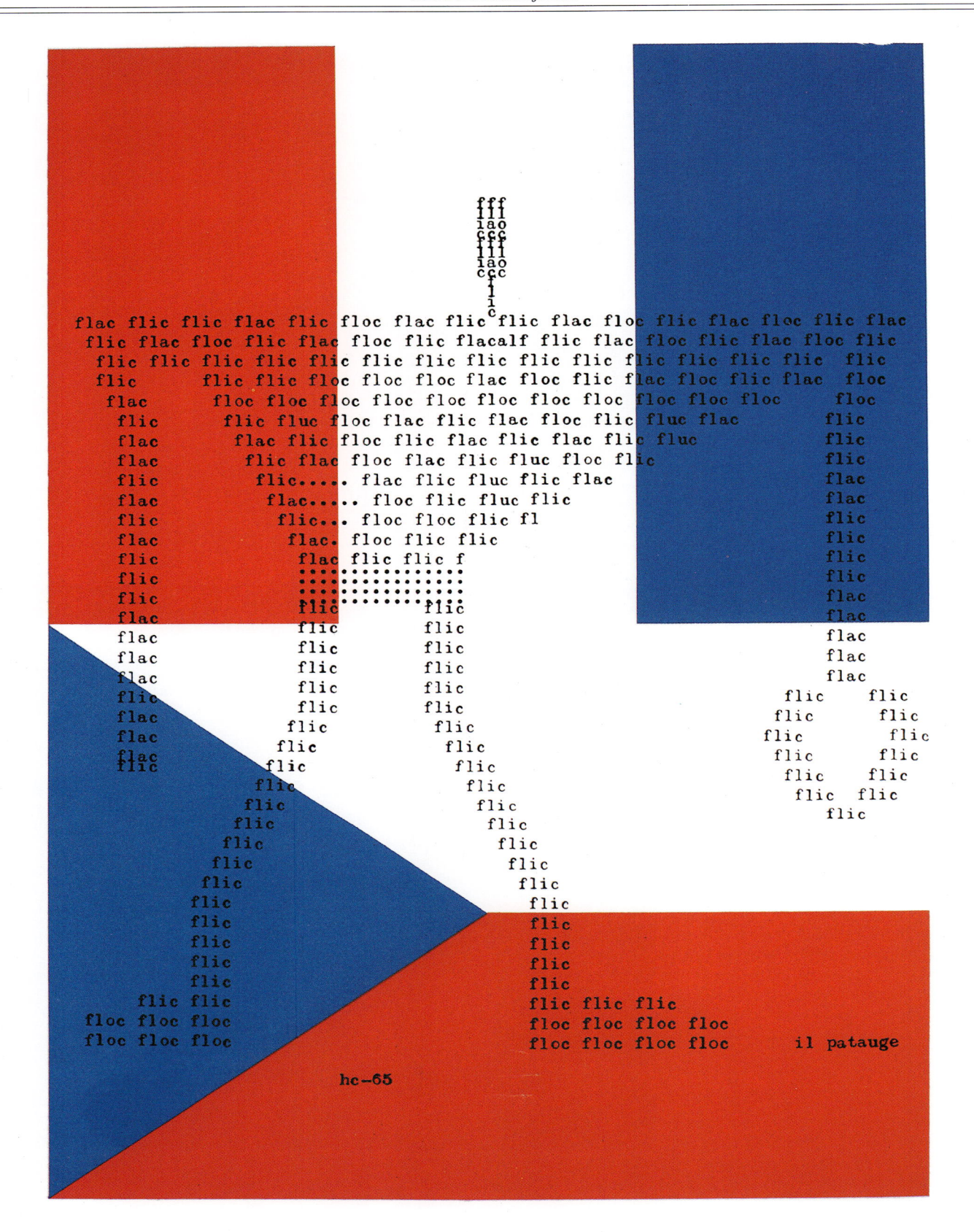

HENRI CHOPIN
Flic Flac Floc

Dieses einfache grafische Bild wurde mit einer
Kombination von geschnittenen Papierschablo-
nen und einer Fotoschablone für den getippten
Text hergestellt.

ANITA FORD
Der zweite Vogel

Das eindrucksvolle Bild eines Vogels entstand
hauptsächlich aus gerissenen und geschnittenen
Papierschablonen. Zusätzlich wurde noch etwas
Siebfüller eingesetzt.

Schneidefilmschablonen

S chneidefilmschablonen verwendet man für die Gestaltung genauer, detaillierter Bilder, bei denen ansonsten Stege nötig wären. Diese Schablonen aus zweilagigem beschichtetem Schablonenmaterial auf einer Trägerschicht sind außerordentlich stabil. Wenn sie am Sieb korrekt befestigt wurden, überstehen sie Tausende von Abzügen. Von daher sind sie für hohe Auflagen, kommerzielle Drucke und Kunstdrucke gleichermaßen geeignet. Viele Künstler haben mit dieser Technik sehr erfolgreich Plakate, Postkarten und Kunstdrucke gestaltet. Bei Schneidefilmschablonen hängt es vom Material ab, ob man nur mit Aquarellfarben oder mit Farben auf Öl- oder Wasserbasis arbeiten kann. Weitere Informationen zu dieser Technik finden sich auf Seite 40.

PATRICK HUGHES
Regenbogen auf einem Zug

Hierbei handelt es sich um eine klassische
Schneidefilmschablone.

DRUCKEN MIT SCHNEIDEFILMSCHABLONE AUS WASSERLÖSLICHEM FILM

Patrick Hughes war gebeten worden, innerhalb eines Tages einen Druck herzustellen und dabei ausschließlich mit Schneidefilmschablonen zu arbeiten. Er schuf seine Arbeit nach einem Aquarellbild, von dem er eine akkurate Strichzeichnung anfertigte. Für die Schablonen der einzelnen Farben wurde ein Stück Schneidefilm über die Zeichnung gelegt, und es wurden jeweils die Bereiche ausgeschnitten, die gedruckt werden sollten. In diesem Fall wählte der Künstler wasserlöslichen Film. Ursprünglich waren sechs Farben geplant, während des Druckens entschied man sich jedoch dafür, noch weitere Farben hinzuzunehmen. Der Künstler machte den Vorschlag, daß man mit einer Adresse auf dem Umschlag dem Bild eine persönliche Note verleihen könnte.

1 Der Schneidefilm wird mit möglichst geringem Druck geschnitten, damit die Trägerschicht nicht beschädigt wird. Für die immer gleichbleibenden Wellenlinien benutzt Patrick eine vorgeschnittene Form.

2 Nachdem der Film geschnitten ist, wird der zu druckende Bereich vorsichtig von der Trägerschicht abgezogen.

3 Das vorbereitete Sieb wird über die Schablone gelegt. Dann reibt man mit einem nassen Zelluloseschwamm fest über die ganze Oberfläche, um das wasserlösliche Schablonenmaterial anzuziehen. Die feuchte Oberfläche kann man an der veränderten Farbe erkennen.

4 Die überschüssige Feuchtigkeit wird mit Zeitungspapier und einem Roller abgenommen. Anschließend läßt man das Ganze trocknen.

weiter folgende Seite

Fortsetzung von S. 81

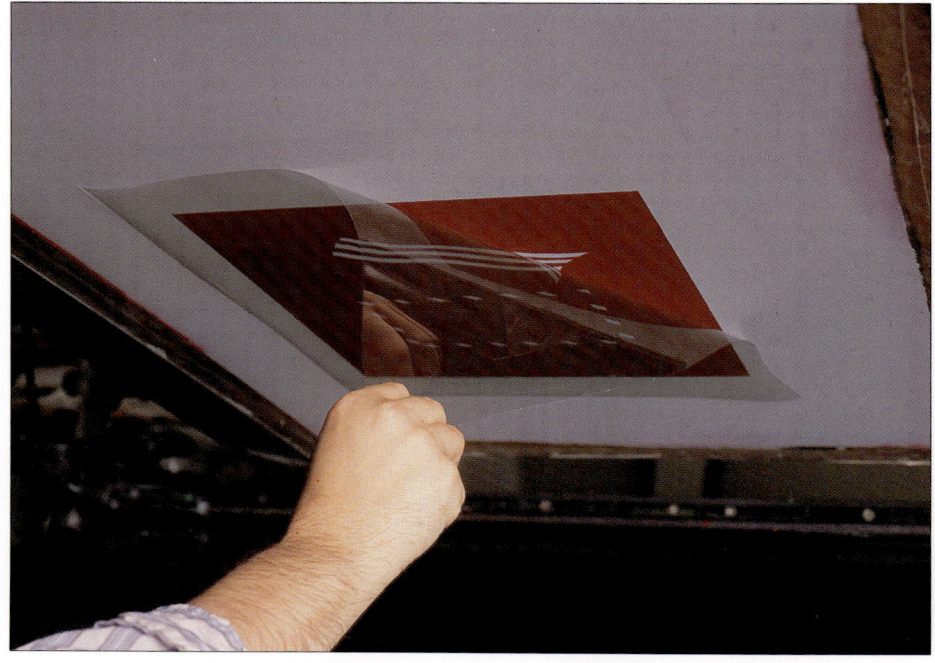

5 Nachdem die Schablone getrocknet ist, kann man die Trägerschicht vorsichtig abziehen.

6 Da dieser Druck ziemlich klein ist (31 × 42 cm), werden zwei der Schablonen auf demselben Sieb angebracht. Der Drukker hat die offenen Schablonenbereiche abgedeckt, damit er zwischen den beiden Schablonen Siebfüller auftragen kann, ohne in die zu drukkenden Partien zu geraten.

7 Das Bild, das jeweils nicht gebraucht wird, ist mit Plakatkarton abgedeckt, um es vor Farbe zu schützen. Jetzt kann gedruckt werden.

8 Hughes begutachtet den fertigen Druck und überprüft die Farben auf Übereinstimmung mit den ursprünglichen Angaben.

Druckfolge

Die ersten beiden Farben, Gelb (1) und Blau (2), werden irisierend von links nach rechts gedruckt, damit die Farbe langsam von Dunkel in Hell übergeht. Da die Kombination von Blau über Gelb nicht den Vorstellungen des Künstlers für die Farbe des Meeres entsprach, wurde der Himmel abgedeckt und das Meer nochmals in einem dunkleren Blau gedruckt (3). Anschließend kamen die Schatten unter dem Badetuch und hinter dem Briefumschlag hinzu (4). Dann wurde der Umschlag mit einem sehr hellen Blau überdruckt, damit er strahlend weiß erscheint (5). Als letztes wurden die roten und blauen Streifen auf Tuch und Brief gedruckt. Dabei wurde dasselbe Sieb benutzt und nur beim Drucken die Partien für die jeweils andere Farbe abgedeckt (6) (*siehe den fertigen Druck unten*).

PATRICK HUGHES
Zuhaus' und davon

Wie wir gesehen haben, verlangt die scheinbar einfache Schneidetechnik von dem Künstler sehr präzises Arbeiten. Obwohl das Design recht nüchtern ist, gelang es Patrick Hughes, geschickt seine Vorliebe für räumliche Mehrdeutigkeit darzustellen: Der Umschlag scheint aufrecht vor dem eigentlich flachen Hintergrund zu stehen.

PATRICK HUGHES
Stufen und Leitern

Die Verbindung einer einfachen grafischen Gestaltung mit einer pfiffigen Idee ist charakteristisch für Siebdrucke, die mit Schneidefilmschablonen hergestellt werden. Dieses Bild wurde in sechs Farben mit Schneidefilm gestaltet.

DUGGIE FIELDS
Liberty

Im großen und ganzen wurde das Bild mit Schneidefilmschablonen hergestellt. Nur für die Konturen verwendete der Künstler Letraline, und die Sonne wurde mit einer Spritzpistole geschaffen.

RAY WILSON
Frau am Pool

Dieses Bild wurde ausschließlich mit vier
Schneidefilmschablonen gefertigt.

Negative Abdeckschablonen

S iebfüller als Schablonenmaterial erlaubt dem Künstler, direkt auf dem Sieb zu arbeiten, allerdings in Negativform. Denn im Druck erscheint immer das Gegenteil von dem, was gezeichnet oder gemalt wird. Druckt man zum Beispiel mit offenem Sieb ein Rechteck in einer bestimmten Farbe und malt mit Siebfüller ein paar Striche auf das Sieb, so erscheinen die Pinselstriche nach dem zweiten Druckdurchgang in der ursprünglichen Farbe.

Man kann eine große Struktur- und Stilvielfalt erreichen, indem man zum Auftragen des Siebfüllers abwechselnd Pinsel, Kartonrakel, Schwamm oder Lappen verwendet. Bei einer bereits existierenden Schablone kann man den Rändern ihre Härte nehmen, wenn man noch zusätzlich Siebfüller aufträgt. Will man eine große Fläche ausfüllen oder scharfe Kanten erhalten, empfiehlt es sich, die Bereiche abzudecken, die offen bleiben sollen, und den Füller über das Sieb zu rakeln. Siebfüller läßt sich auch sprühen, da er sehr stark verdünnt werden kann. Dabei muß man nur beachten, daß die Punkte negativ erscheinen werden. Das Aufsprühen von Siebfüller erfolgt langsam in mehreren Arbeitsgängen. Wenn der Sprühnebel sehr fein ist, sollte man ihn von der Siebunterseite her auftragen, um zu vermeiden, daß beim Drucken die feinen Partikel durch die Rakel abgerieben werden. Für eine gesprühte Schablone benötigt man ein relativ feines Sieb: 62T ist die Mindestfadenzahl, bei sehr feinen Arbeiten braucht man 90T.

Wenn man mit Farben auf Ölbasis arbeitet, kann man Zellulosesiebfüller verwenden und damit eine Schablone herstellen, die das Negativ des fertigen Druckbilds ergibt. Man rakelt dazu den Füller über das ganze, von Farbe gesäuberte Sieb. Wenn er getrocknet ist, wird die Originalschablone mit Wasser entfernt, und nur die Zellulosepartien bleiben im Sieb haften.

Michael Carlo
Sommerabend

Viele Künstler arbeiten bei der
Schablonenherstellung unter anderem mit
Siebfüller. Michael Carlo ist einer der wenigen,
die ihre Drucke ausschließlich mit diesem
Material herstellen.

DRUCKEN MIT ABDECKSCHABLONEN

Bruce McLean ist ein Künstler, dessen Werk sich leicht in Siebdruck umsetzen läßt. Er arbeitet sehr viel mit diesem Medium und stellt sowohl Auflagendrucke als auch Unikate her. Wir hatten ihn gebeten, innerhalb eines Tages mit Hilfe der Abdecktechnik einen Druck herzustellen. Diese Technik ist für Bruce sehr reizvoll, da die Abdeckschablonen die Pinselführung des Künstlers genau widerspiegeln und die Drucke damit die Unmittelbarkeit eines Gemäldes ausstrahlen. Beim Druckvorgang ist er sehr auf Authentizität bedacht: Wenn ein Gelb auf Schwarz erscheinen soll, druckt er es auch in dieser Reihenfolge und benutzt nicht die gelbe Farbe als Unterdruck, bei dem die schwarze Schablone ausgespart wird. Bruce entwarf den Druck *Eye Aye,* um die Unmittelbarkeit des Verfahrens auszudrücken. Der Siebfüller entsprach in der Verarbeitung nicht seinen Vorstellungen und erst nachdem er ihn verdünnt hatte, war er mit den Ergebnissen auf den nächsten Schablonen zufrieden.

1 Die erste Farbe – das Grün des Hintergrunds – wird über das freie Sieb gerakelt, dessen Ränder mit Siebfüller abgedeckt sind.

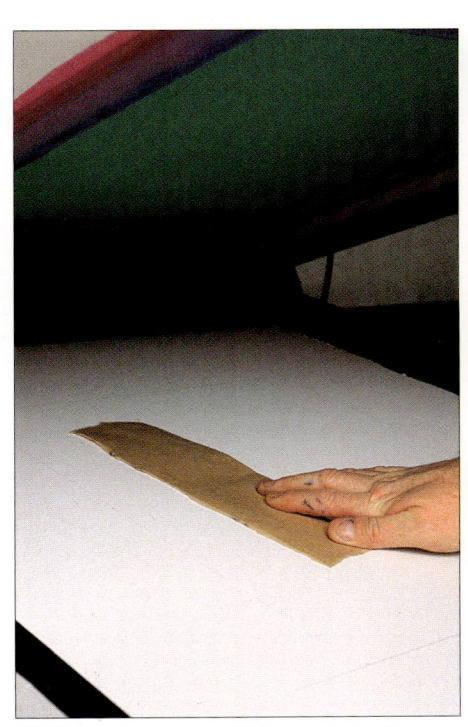

2 Vor dem ersten Zug legt er ein Stück gerissenes Zeitungspapier auf den Bedruckstoff, um im Hintergrund einen weißen Bereich zu erhalten. Durch den Farbauftrag des ersten Zugs haftet das Zeitungspapier am Sieb.

3 Der Künstler malt mit Siebfüller die nächste Schablone auf das Sieb. Das Positivbild auf dem Sieb erscheint im Druck negativ.

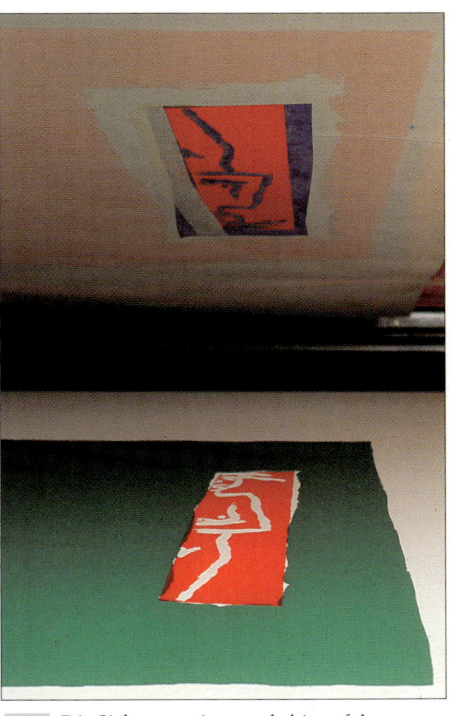

4 Die Siebunterseite wurde bis auf den Teil, der gedruckt werden sollte, mit Zeitungspapier abgedeckt. Das Rot erscheint daher nur in dem Bereich ohne Zeitungspapier oder Siebfüller.

weiter folgende Seite

Fortsetzung von S. 87

5 McLean malt mit Siebfüller ein zweites Bild, das ebenfalls als Negativ erscheinen wird.

6 Vor dem Drucken der schwarzen Farbe wurde das Sieb wiederum mit Zeitungspapier abgedeckt. Nur um die Schablone wurde ein Rechteck freigelassen.

7 Da der Künstler die Buchstaben positiv gedruckt haben will, muß er mit dem Siebfüller negativ arbeiten, indem er die Bereiche ausmalt, die nicht erscheinen sollen. Zur Orientierung hat er zuvor die Konturen der Buchstaben auf das Sieb gezeichnet.

8 Nachdem die Buchstaben fertig sind, wird der Rest des Siebs mit schnelltrocknendem Siebfüller abgedeckt.

9 Da nur ein kleiner Bereich gedruckt werden soll, wird der Rest des Siebs auf der Oberseite mit Plakatpapier abgedeckt. Dadurch benötigt man nicht so viel Zeit zum Reinigen des Siebs.

Druckfolge

Der erste, grüne Druck (1) weist das weiße Rechteck auf, für das ein Stück Zeitungspapier als Schablone diente (*siehe Punkt 2*). Bei dem zweiten, roten Druck (2) war der Künstler mit dem Negativbild, das er mit Siebfüller gemalt hatte, nicht zufrieden; es war ihm zu plump. Der dritte, schwarze Druck (3), bei dem er die Schablone mit verdünntem Siebfüller gemalt hatte, gefiel ihm besser. Nach dem blauen Streifen wurde die Schrift schwarz aufgebracht (4). Bei einem kommerziellen Auflagendruck hätte man die verschiedenen schwarzen Partien in einem einzigen Durchgang gedruckt. Als letztes kam die Farbe Gelb hinzu (5).

BRUCE McLEAN
Eye Aye

Der fertige Druck ist ein schönes Beispiel für den grafischen Einfallsreichtum dieses Künstlers.

MICHAEL CARLO
Abgeerntet

Der Künstler stellt seine Schablonen nur mit
Siebfüller her. Auf einem einzigen Sieb, das ohne
Veränderungen in der Einrichtung am Tisch
befestigt blieb, arbeitete er von Hell nach
Dunkel. Schritt für Schritt wurden feine
Konturen mit Siebfüller aufgetragen, bis zum
Schluß nur mehr die dunkelsten Partien zu
drucken waren.

ANITA FORD
Kimono

Bei diesem Druck wurde Siebfüller zur
Überarbeitung der geschnittenen und gerissenen
Schablonen verwendet.

Auswaschschablonen

D iese Technik erlaubt dem Künstler ebenfalls, direkt auf dem Sieb zu arbeiten. Das Druckbild ist aber positiv. Im besten Fall erhält man die genaue Wiedergabe der feinen Pinselstriche des Künstlers auf dem Sieb. Leider funktioniert das oft nicht zufriedenstellend. Die modernen Gewebe sind dafür viel weniger geeignet als Seide: Sie sind so glatt, daß Details meist nicht gut haften, wohingegen die feinen Fasern der Seide einen guten Untergrund bieten. Die besten Resultate erzielt man mit dem traditionellen Gummiarabikum oder mit Tuschesiebfüller. Die moderneren Siebfüller eignen sich nicht so gut, denn sie sind recht widerstandsfähig gegenüber Lösungsmitteln. Das bedeutet, daß das Sieb nach dem Auswaschen der Tusche nicht unbedingt ganz offen ist.

Auswaschschablonen nach der Tusche-Leim-Methode erfordern ein vollkommen fettfreies Sieb. Man muß daher darauf achten, daß nicht aus Versehen Fett oder Öl von den Fingern des Künstlers auf das Gewebe gerät. Wenn der Künstler Originalzeichnung oder -bild als Pausvorlage verwenden möchte, sollte man das Sieb mit einem Bogen Transparentfolie schützen. Dabei hebt man es leicht an, damit das Gewebe die Folie nicht berührt und Tusche oder Farbe nicht daran haftenbleiben.

Tusche und Leim

Diese traditionelle Methode erlaubt dem Künstler ein Arbeiten direkt auf dem Sieb. Das Bild, das er entwirft, wird genauso gedruckt, wie er es malt oder zeichnet.

DRUCKEN MIT AUSWASCHSCHABLONEN

Chloë Cheese, eine Künstlerin, deren Werk sich durch die Qualität ihrer Zeichnungen auszeichnet, konnte dafür gewonnen werden, diese Schablonentechnik vorzuführen. Es widerstrebte ihr zunächst etwas, da all ihre bisherigen Versuche damit fehlgeschlagen waren. Dieses Mal wurden jedoch traditionelle Materialien verwendet, und der fertige Druck war ein voller Erfolg. Chloë Cheese ist der Meinung, daß diese nicht völlig kalkulierbare Technik ein gewisses Maß an Flexibilität verlangt. Eventuell muß man noch während des Druckvorgangs notwendige Berichtigungen vornehmen. Beim Siebdruck verfährt die Künstlerin anders als bei der Lithographie, bei der sie Farben stärker herausstellt und meist für jede gedruckte Farbe zwei verschiedene Versionen verwendet.

1 Nachdem Chloë Cheese ihr Originalaquarell durchgepaust hat, malt sie mit Tusche die Partien, die gelb werden sollen. Der blaue Hintergrund ist zuvor schon gedruckt worden. Die Bereiche, die weiß bleiben sollten, waren dabei mit Siebfüller abgedeckt.

2 Mit einer Kartonrakel trägt der Drucker auf der Sieboberseite Gummiarabikum auf. Bevor man die zweite Schicht aufträgt, läßt man die erste trocknen. Um möglichst rationell zu arbeiten, wurden auf ein Sieb zwei Schablonen gemalt.

3 Mit einem Lösungsmittel, Öl oder einem Reiniger auf Alkoholbasis entfernt der Drucker die Tusche vom Sieb.

4 Die Schablone, die jetzt nicht gedruckt werden soll, wird mit Papier abgedeckt.

5 Blau und Gelb sind bereits aufgebracht. Der Drucker legt nun einen transparenten Registerbogen über den Druck.

6 Der erste Abzug der nächsten Farbe (Orange) wird auf den Registerbogen gedruckt, um die Einrichtung zu überprüfen, bevor mit der eigentlichen Auflage begonnen wird.

7 Der Drucker berichtigt die Position des Drucks unter dem Registerbogen für den Auftrag der schwarzen Farbe.

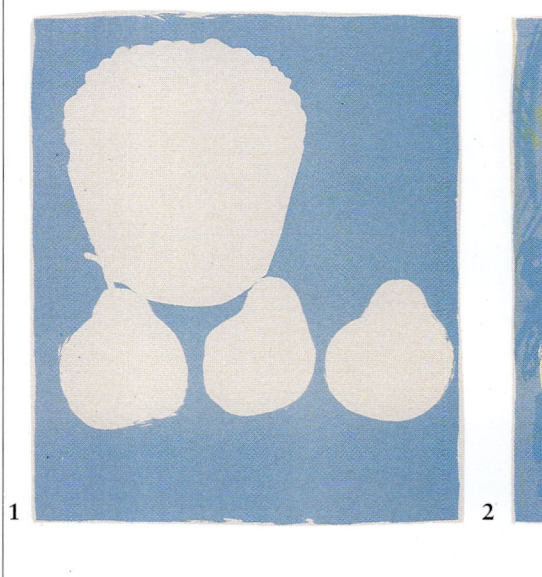

Druckfolge

Die Tusche-Leim-Methode erlaubte Chloë Cheese, die feinen Farben ihres Bildes Schritt für Schritt aufzubauen. Die erste Schablone ergab den blauen Hintergrund. Ränder, Schale und Birnen deckte sie mit Siebfüller ab (1). Das gleiche Sieb wurde mit Tusche bemalt und noch einmal mit Blau gedruckt, um die Hintergrundstrukturen herauszubringen. Vor dem Druck der gelben Farbe wurde das Sieb gereinigt und die Künstlerin malte die Negativbereiche mit Tusche (2). Von links nach rechts wurde ein zusätzlicher Gelbton gedruckt, um die Farbe im oberen Teil des Bildes dunkler erscheinen zu lassen (3). Mit Pinsel und Stift malte Frau Cheese die Details mit Tusche auf, und der Reihe nach wurde in Hellbraun (4), in einem kräftigen Braun (5) und in Rot (6) gedruckt.

CHLOË CHEESE
Gelbe Schüssel

Dieser gelungene Druck ist vor allem das
Ergebnis der einfühlsamen Arbeit der Künstlerin.
Die Tusche-Leim-Methode ist oft schwierig zu
handhaben, und nicht allen Künstlern liegt die
Unkalkulierbarkeit des Mediums.

BRAD FAINE

Die Schablonen für die Täfelung in der Mitte des
Drucks wurden mit Tusche und Leim gestaltet.

CHLOË CHEESE
Gewürzschrank mit Koriander

Der erste Siebdruck dieser feinfühligen
Künstlerin ist ausschließlich mit
autographischen Schablonen hergestellt. Für den
Hintergrund verwendete sie Tusche-Leim-
Auswaschschablonen.

Manuell hergestellte Kopiervorlagen

D iese Technik erlaubt dem Künstler, direkt auf Paushaut oder eigens dafür hergestellte transparente Planungsfolien zu malen oder zu zeichnen. Letztere sind so vorbehandelt, daß sie sich für Farben auf Wasserbasis und UV-undurchlässige Farben eignen. Jede Farbe wird auf einen eigenen Bogen aufgetragen. Wenn die Farbbereiche recht klein sind, kann man auch einen für zwei Farben verwenden. Mit dieser Art Schablonenmaterial kann der Künstler handgezeichnete oder -gemalte Bilder erzeugen, da jeder Pinsel- oder Zeichenstrich auf Fotoschablonenfilm übertragen wird und eine positive Schablone ergibt. Diese direkte Methode ist leicht zu handhaben, erlaubt aber auch die Gestaltung komplexer und schöner Bilder. Mit ihrer Hilfe lassen sich sogar Texturen oder Bilder mit weichen Rändern in Schablonen übertragen.

Die Farbe, die man für manuell hergestellte Kopiervorlagen verwendet, muß nicht opak sein; wesentlich ist, daß sie kein UV-Licht durchläßt. Man kann also auch mit transparentem, lichtundurchlässigem Ocker oder Rot arbeiten. So ist es möglich, auf einem Filmbogen zu arbeiten, der passergenau über einem bereits fertiggestellten liegt, und gleichzeitig das darunterliegende Bild zu erkennen.

Diese auch ›Handdia‹ genannte Schablonenart ist ein Abkömmling der Serigraphie, bei der die Schablonen vom Künstler direkt auf dem Sieb angefertigt werden. Somit stellt diese Technik die Fortführung einer Tradition dar, allerdings mit der Möglichkeit, mit den modernen Materialien feinere Details abzubilden. Zudem entfällt das Risiko einer Verletzung der Schablone während des Druckvorgangs.

Die Gestaltungsmöglichkeiten reichen von kräftigen Strichbildern eines Künstlers wie Duggie Fields über die zarten Zeichnungen eines Adrian George bis zu den verschiedenen Maltechniken auf Leinwand und den Halbtoneffekten handgespritzter Schablonen von Brendon Neiland oder Ben Johnson. Auch Frottage-Strukturen und die Verschmelzung all dieser Elemente mit beliebigen Materialien bei der Erstellung von Collage-Schablonen sind möglich.

NORMAN STEVENS
Der Garten von Crathes Castle

Der Künstler baute die Farbe und Schattierung
dieses Bildes Schritt für Schritt mit einer ganzen
Reihe manuell hergestellter Dias auf. Diese
wurden von ihm einzeln mit schwarzer,
deckender Farbe auf übereinanderliegende
Bögen Transparentfilm gemalt.

DRUCKEN MIT ›HANDDIAS‹

Jean Stevens erlaubte uns, das Werk *Schwarzer Walnußbaum,* einen Siebdruck ihres verstorbenen Gatten, Norman Stevens, hier zu verwenden. Mit diesem Werk erinnerte er an den verheerenden Sturm vom Oktober 1987, der an einem Abend Hunderttausende von Bäumen vernichtete. Der kommerziell gesponsorte Druck war Teil einer Sammelaktion, die darauf abzielte, die vernichteten Bäume und Sträucher im Königlichen Botanischen Garten von Kew zu ersetzen.

Norman Stevens hatte eine besondere Vorliebe für den großen schwarzen Walnußbaum gehabt, der leider von dem Sturm entwurzelt worden war und entfernt werden mußte. Er sagte damals: »Es war schrecklich anzusehen, was in dem Park angerichtet worden war. Doch wenn alles wieder aufgeräumt und Gras darüber gewachsen ist, werden sich die Menschen wohl fragen, weswegen überhaupt soviel Aufhebens gemacht worden ist. Vielleicht wird sie der *Schwarze Walnußbaum* wieder an das Geschehene erinnern.« Stevens zeichnete die Farbtrennungen für den Druck mit schwarzer Deckfarbe. Als Handwerkszeug verwendete er Pinsel, Schwämme oder Lappen zum Tüpfeln und eine Zahnbürste zum Spritzen.

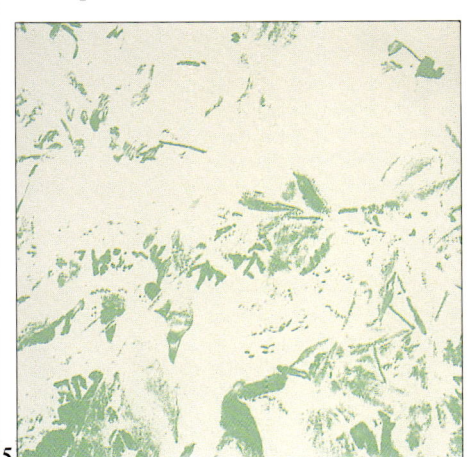

Farbauszüge

Diese Farbauszüge zeigen einen kleinen Bereich aus den zahlreichen manuell hergestellten Schablonen, die der Künstler für diesen Siebdruck anfertigte. Die Reihenfolge, in der die Farben gedruckt werden, ist durch den Druck an sich und die Entwicklung während des Druckvorgangs festgelegt. Der Druck rechts ist die Verbindung der ersten fünf Ausdrucke und zeigt, wie das Bild nach der Hälfte des Druckvorgangs aussehen würde.

weiter folgende Seite

Fortsetzung von S. 99

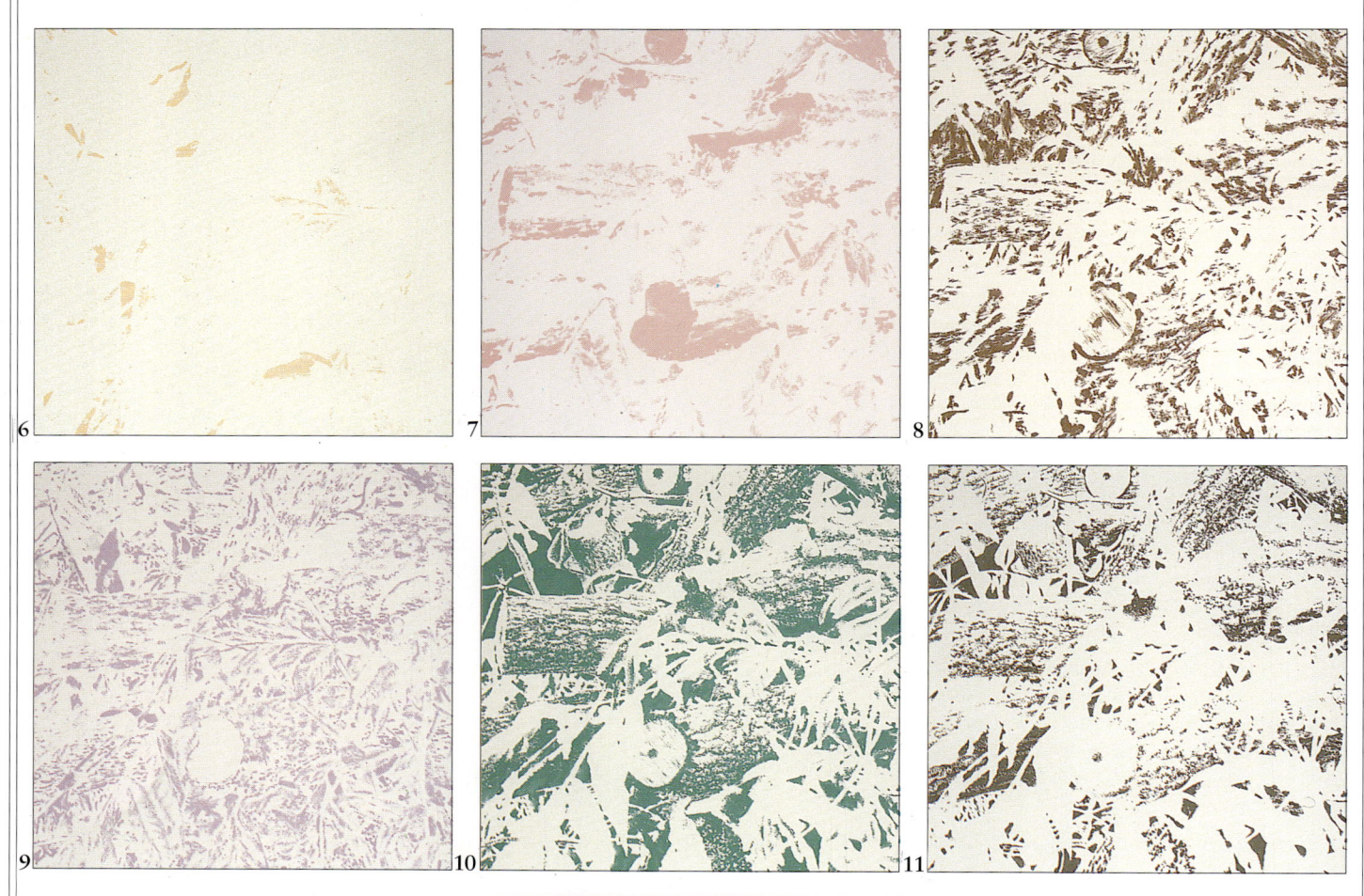

Die nächsten sechs Stufen des Druckvorgangs zeigen, wie Farben und Schattierungen des halb fertigen Bildes durch feine Farbnuancen weiterentwickelt werden. Der Künstler verwendete beim Mischen der Tönungen Farben mit unterschiedlichen Eigenschaften – transparente, deckende, lichtdurchlässige –, um eine Vielzahl an Wirkungen zu erzielen (*oben*).

Die Kombination dieser sechs Ausdrucke mit den fünf vorherigen läßt sich an diesem Ausschnitt erkennen (*rechts*). Dem Künstler ist eine Tiefe in den Schattierungen und der Farbgebung gelungen, die seine meisterliche Beherrschung des Mediums deutlich macht.

NORMAN STEVENS
Schwarzer Walnußbaum, Kew Gardens,
21. Oktober 1987

Dieser Siebdruck zeigt ein Abbild der
Verwüstungen, die der große Sturm im
Botanischen Garten von Kew in London
angerichtet hatte. Der Druck wurde unmittelbar
vor Norman Stevens' Tod im Jahr 1988
fertiggestellt.

ADRIAN GEORGE
Belle de Jour

Jede Schablone für diesen Druck wurde auf texturierte Paushaut gezeichnet, um den gekörnten Eindruck entstehen zu lassen.

TONY ANSELL
Winterlandschaft

Mit weicher schwarzer Kreide zeichnete der Künstler die Schablonen für dieses Bild auf Paushaut. Damit gelang es ihm, die Textur, die ihm vorschwebte, zu verwirklichen.

ANDREW HOLMES
American

Durch Übersprühen der bereits gezeichneten
Schablonen entstand die Textur dieses
anspruchsvollen Siebdrucks.

HALBTONVORLAGEN

Im Siebdruck werden die Halbtonwirkung und jede Farbschattierung durch regelmäßige oder unregelmäßige Punkte oder Zeichen auf der Schablone erreicht, die einen stufenlosen Übergang vorspiegeln. Man kann die Punkte von Hand mit einem Stift und Farbe malen; die Schattierung wird durch die unterschiedliche Anzahl der Punkte erreicht. Es gibt aber auch noch eine ganze Reihe anderer Arten, wie man den Halbtoneffekt erzielen kann. Beispielsweise kann man mit weicher schwarzer Kreide auf texturiertem Pauspapier arbeiten, oder man zeichnet auf dünnes Pauspapier und legt verschieden grobes Sandpapier und texturiertes Aquarellpapier darunter. Das letztgenannte Verfahren setzte Adrian George ein. Vorläufer der Spritzpistolentechnik war die Methode, mit einem festen Borstenpinsel oder einer Zahnbürste Farbe auf die Positivschablone zu spritzen, wodurch verschiedene Farbqualitäten und Schattierungen entstanden. Eine weitere Schattierungstechnik besteht darin, mit einem Schwamm, einem Stück Musselin, Baumwolle oder ähnlichem dicke schwarze Farbe auf die Schablone zu tüpfeln. Die Textur (z. B. von Samt) überträgt sich so auf die Schablone. Wenn man statt Farbe Siebfüller verwendet, kann man die Schattierungen auch direkt auf dem Sieb vornehmen.

DAVID LEWIS
Palmen – Nizza

Bei diesem Druck wollte der Künstler den Eindruck eines Pastells erzielen. Er zeichnete mit Wachskreide auf dünne Paushaut und benutzte als Unterlage ein Blatt Aquarellpapier. Die Struktur des letzteren wurde von der Kreide aufgenommen und bewirkte einen unterbrochenen Rakelzug.

ADRIAN GEORGE
In Violett

Bei diesem Druck fertigte der Künstler für jede Farbe eine eigene Schablone an, die er mit schwarzer Kreide auf einen speziell getönten Film zeichnete.

REG CARTWRIGHT
Radrennfahrer

Die einzelnen abgestuften Schablonen für diesen
Druck wurden von dem Künstler mit einem
Rapidograph angefertigt. In einem sehr
aufwendigen Verfahren wurden die Punkte auf
die Schablone in der jeweils benötigten Dichte
aufgetragen.

KOPIERVORLAGEN MIT DER FROTTAGE-TECHNIK

Bei der Frottage-Technik reibt man die Strukturen einer interessanten Oberfläche, wie sie Holz beispielsweise bietet, ab. Mit einer Fotoschablone werden diese Strukturen dann auf das Sieb übertragen. Als ausgesprochen hilfreich erweist sich diese Technik, wenn man eine Reihe verschieden strukturierter Oberflächen gestalten möchte. Als geeignetste Unterlage zum Abreiben hat sich dünne Paushaut herausgestellt. Zum Übertragen des Bildes ist jede deckende schwarze Kreide, aber auch Bohnerwachs geeignet. Der Farbauftrag beim Durchreiben kann ziemlich intensiv sein, denn meistens gehen beim Übertragen auf Fotoschablone feine Details verloren. Mit Fettkreide kann man eine Oberfläche auch direkt auf das Sieb abreiben. Die weitere Bearbeitung erfolgt dann wie bei einer Auswaschschablone nach der Tusche-Leim-Methode. Man muß dabei allerdings sehr darauf achten, das Gewebe nicht zu verletzen.

MICHAEL HEINDORFF
Tassos Bäume
(aus einer Serie von 14 Drucken)

Durch die Frottage-Technik erhalten diese figurenähnlichen Stämme eine Struktur, die deutlich macht, daß es sich um Bäume handelt. Die Struktur läßt sich sehr einfach aufnehmen, indem man Paushaut auf ein Stück Kiefernholz legt und mit Wachskreide darüberreibt.

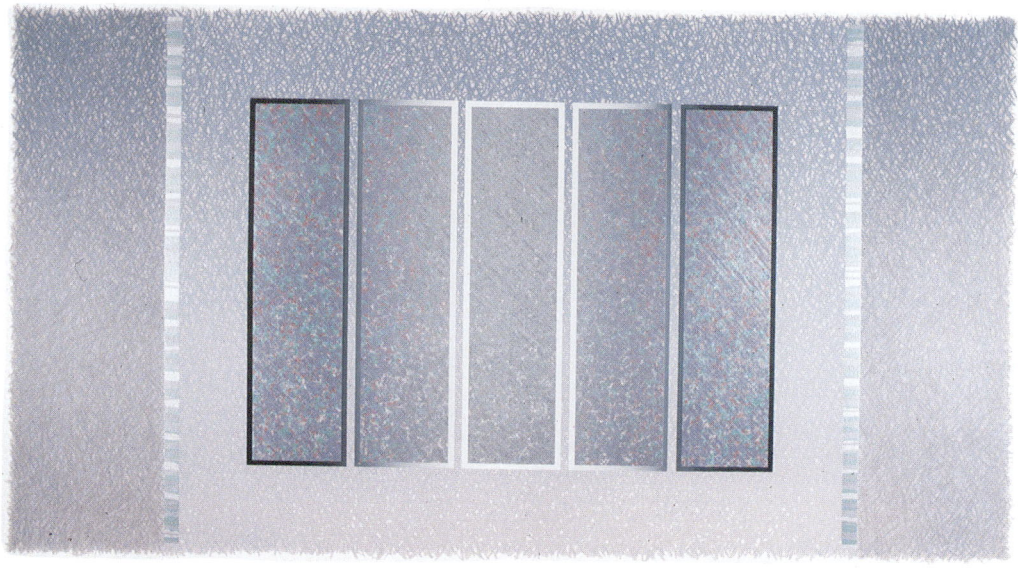

BRAD FAINE

Der Mittelteil dieses Drucks in Metallic-Grundfarben entstand durch Abreiben verschiedener Oberflächen im Druckatelier.

MICHAEL HEINDORFF
Tassos Bäume (aus einer Serie von 14 Drucken)

Die gebrochene Farbe des Rahmens, die wie eine
Lasur wirkt, ist das Ergebnis von abgeriebener,
gelb gedruckter Holzmaserung auf einem
orangeroten Untergrund.

MIT DEM PINSEL GEMALTE KOPIERVORLAGEN

Jede Pinselarbeit läßt sich in eine Positiv-schablone übertragen: Dünne Linien lassen sich genauso leicht reproduzieren wie breite Pinselstriche; der feinste Haarpinsel ist ebenso geeignet wie eine Farbrolle. Die Beschränkungen liegen einzig und allein im Können des Künstlers.

Damit man die Pinselbilder als Schablonen einsetzen kann, müssen sie mit UV-undurchlässiger Farbe oder Tusche auf ein geeignetes lichtdurchlässiges oder transparentes Material aufgebracht werden. Dabei sollte das jeweilige Medium nicht zu dünn sein, damit die Pinselführung und feine Details gut zur Geltung kommen. Ideal sind beispielsweise schwarze Gouache- und verdünnte Siebdruckfarbe. Man kann die Pinselstriche mit dieser Methode auch direkt auf dem Sieb anbringen, indem man mit Siebfüller eine Schablone ausarbeitet oder bearbeitet.

NORMAN STEVENS
Lorbeerbaum, Nettlecombe Court

Für diese lichtdurchflutete Szenerie wurde jede Schablone vom Künstler getrennt gezeichnet, gemalt oder getüpfelt.

FRASER TAYLOR
Hockende Figur

Jede Farbe dieses Siebdrucks wurde vom Künstler mit breiten Pinselstrichen auf Paushautbögen gemalt. Dabei kommen die Strukturen der Pinselstriche deutlich heraus.

COLLAGIERTE KOPIERVORLAGEN

Jedes deckende Bild auf einem transparenten Untergrund kann auf derselben Schablone mit einem ähnlich deckenden Bild kombiniert werden, unabhängig davon, wie die einzelnen Bilder hergestellt wurden. Pinselstrich läßt sich mit Frottage-Technik verbinden, Zeichnung mit Airbrush – die Kombinationsmöglichkeiten sind vielfältig. Jedes genügend lichtundurchlässige Fundmaterial kann als Positiv verwendet und gedruckt werden. Ein einfaches Beispiel ist ein Papierdeckchen, das, mit schwarzer Farbe bemalt, die Schablone vor den UV-Strahlen schützt. Ebenso eignen sich eingefärbte Stoffe und Holzstücke als Positive, oder man rollt eine interessante Oberfläche mit schwarzer Linolfarbe ein und überträgt sie mittels der Abklatschtechnik auf ein transparentes Material, wodurch man eine direkte Positivschablone erhält. Auf Folie geklebtes, gerissenes schwarzes Papier ist eine gute Alternative zu herkömmlichen Papierschablonen. Ein zusätzlicher Vorteil dieser Methode ist, daß sie mit anderen manuellen und/oder fotografischen Techniken kombiniert werden kann.

IVOR ABRAHAMS
Vahine 1 und 2

Ausgangspunkt für diese beiden Bilder waren
Abbildungen in einer Zeitschrift. Mit
verschiedenen Methoden wurden sie verändert,
auf abstraktere Formen reduziert (u. a. durch
Fotokopieren) und als Positive verwendet. Zur
weiteren Bereicherung des Bildes wurden
handgearbeitete Texturen darübergedruckt.

HANDGESPRITZTE KOPIERVORLAGEN

Eine ideale Methode zur Gestaltung verschiedener Farbabtönungen ist der Farbauftrag mit einer Spritzpistole. Mit der jeweils aufgesprühten Farbmenge bestimmt man die Helldunkel-Schattierungen. Am besten eignet sich für diesen Zweck ein Airbrush mit obenliegendem Farbreservoir, der mit minimalem Druck arbeitet. Die damit erzeugten Punkte sind groß genug, daß sie sich auch noch reproduzieren lassen (mit Hochdruck erzeugte Punkte sind viel kleiner). Als Alternative läßt sich die Farbe auch mit dem Mund durch ein Fixativröhrchen blasen.

Es empfiehlt sich, mehrere verschiedene Farben auszuprobieren, bis man eine findet, die sich sowohl gut sprühen läßt als auch die UV-Strahlen der Lichtquelle abhält. Als günstig hat sich in vielen Fällen schwarze chinesische Tusche erwiesen. Ebenso geeignet ist orangefarbene Abdeckflüssigkeit, die es dem Künstler ermöglicht, ein fertiges Positiv unter der Folie zu sehen, die er gerade bearbeitet.

Auch Siebfüller läßt sich direkt auf das Sieb sprühen, ergibt allerdings ein Negativbild.

Bei einer gesprühten Schablone ist ein Abdecken eigentlich unvermeidlich. Man kann dafür eine ganze Reihe von Materialien verwenden, so zum Beispiel Maskierband und Papier, Kartonschablonen, Airbrush- oder Bucheinbandfolie, die mit Talkumpulver eingestäubt wurde. Bei schwierigen Bögen oder komplizierten Texturpartien kann man auch mit Abdeckflüssigkeit, ja selbst mit Ochsengalle arbeiten. Je dichter die Abdeckung am Positiv angebracht ist, um so schärfer kommen die Ränder heraus.

BRENDAN NEILAND
Winterlandschaft

Der Künstler sprühte jeden Farbbereich, indem er Paushaut lose mit Papier abdeckte. Durch diese Technik werden die Konturen weich.

BEN JOHNSON
Renault-Center

Der Künstler stellte nach einer genauen
Strichzeichnung sechs Stripfilmschablonen her.
Anschließend wurde jede Schablone von Hand
gespritzt.

JOHN SWANSON
Orchester

Die Schablone für die Konturen wurde
fotomechanisch hergestellt. Die einzelnen Farben
entstanden mit Hilfe von Schneidefilm und
gespritzten Schablonen.

Fotografisch hergestellte Kopiervorlagen

Die Übertragung fotografischer Techniken auf die Schablonenherstellung hat es Künstlern möglich gemacht, Fotos in Drucke zu verwandeln und außerdem in einem Druck von Hand gefertigte und fotografische Positive miteinander zu verbinden. Viele glauben, daß der Einsatz der Fotografie dem Drucken als Kunstform abträglich ist. Dabei muß man aber auch sehen, daß erst durch sie eine Fülle von Material zur Verfügung steht, nach dem man Drucke gestalten kann. Die Fotografie kann direkt eingesetzt werden, wie es beispielsweise Andy Warhol für seine Suppendosen getan hat, oder man arbeitet mit Stufendruck. Bei dieser Technik wird ein Negativ über- und unterbelichtet. Das Bild kann aber auch schon in seinem ursprünglichen Zustand manipuliert werden. Jack Miller nutzte die Möglichkeiten eines Fotoateliers und verband – für den Betrachter nicht zu erkennen – verschiedene Dias, die an unterschiedlichen Orten aufgenommen worden waren, für seine Drucke *Frolics Motel (siehe S. 125)* und *Sunset Cadillac*. Boyd und Evans hingegen montierten Teile verschiedener Fotos für ihr *Auf der Durchreise (siehe S. 125)*. Die Fotografie als Medium gibt dabei bestimmte Ausdrucksmittel vor, mit denen eine bildliche Aussage gemacht werden kann.

Strebt ein Künstler für einen Druck nach einem Originalkunstwerk eine Qualität an, die sich mit anderen Techniken kaum erreichen läßt, kann er die Fotografie für die Erstellung der Schablonen einsetzen. Bei den fließenden Farbübergängen von Aquarellbildern ist das beispielsweise der Fall. Man gewinnt diese Qualität, indem man verschiedene Bögen Strichfilm über- und unterbelichtet und so ein Spektrum an Schattierungen erhält. Eine andere Möglichkeit besteht darin, zum Beispiel Bildraster, Mezzotinto- oder spezielle Raster für weiche Linien zwischen den Film im Vergrößerungsgerät und den zu belichtenden Film zu schalten. Eine ähnliche Wirkung erzielt man, wenn man die Körnung des Originalnegativs oder Dias durch Kopieren auf Belichtungsfilm vergröbert und das Ergebnis dann auf Lithfilm vergrößert.

Nur selten ist es möglich, einzelne Farben fotomechanisch zu trennen. Die meisten Scanner trennen nur Variationen des Vierfarben-Reprosystems. Will der Künstler also eine exakte Reproduktion erhalten, muß er die Skalenfarben verwenden. Wenn er feinere Farbabstufungen wünscht, müssen die Positive noch von Hand bearbeitet werden, bevor man sie auf Fotoschablonenmaterial belichtet.

TIM MARA
Alans Zimmer

Das Fotopositiv für dieses Bild wurde zunächst
mit getrennt gedruckten, von Hand gemischten
Farben unterlegt und anschließend Stück für
Stück abgedeckt, um die einzelnen Bereiche
zu drucken.

›FOTODIAS‹ MIT STRICHFILM

Ilana Richardson ist eine Künstlerin, die sehr gerne mit Film arbeitet und so lange Veränderungen vornimmt, bis die Ergebnisse genau ihren Vorstellungen entsprechen. Bei dem hier vorgestellten Projekt wurden im Atelier zwölf farbgetrennte, originalgroße Negative von ihrer Aquarellvorlage angefertigt und im Kontaktverfahren in Positive verwandelt. Der Vorteil von Negativen in Originalgröße liegt darin, daß man sie bequem von Hand bearbeiten kann. Wenn noch weitere Farbtrennungen notwendig werden, kann man diese leicht durch Kontaktdruck herstellen, ohne das Originalbild erneut fotografieren zu müssen. Die neuen Positive passen so auch in der Größe exakt zu den bereits vorhandenen.

Die Künstlerin bearbeitete jedes Positiv, indem sie es zerschnitt und die verschiedenen Elemente des Films neu arrangierte. Anschließend verstärkte oder erhellte sie von Hand noch bestimmte Farbpartien. Da die Farbtrennungen vor allem die Halbtöne betrafen, mußte die Farbe von Hand aufgetragen werden, und es waren sorgfältige Probedrucke vonnöten, um eine Harmonie zwischen den fotografischen Schattierungen und den integrierten Farben zu erreichen. Frau Richardson verwendete nur Transparentfarben, wodurch der Druck die gleiche Frische und Leuchtkraft wie das Originalaquarell ausstrahlt.

1 Die Künstlerin fügt zu dem eigentlichen, dunkelgetönten Positiv einige ausgeschnittene ›Fotodias‹ hinzu, um die Details in diesem Bereich zu verdeutlichen.

2 Mit einem Pinsel trägt sie an den Stellen noch Deckfarbe auf, wo die fotografische Farbtrennung die helleren Details nicht differenziert genug wiedergibt.

weiter folgende Seite

Fortsetzung von S. 115

3 Nachdem Frau Richardson genügend Farbe für die ganze Auflage gemischt hat, überprüft sie die Tönung anhand des Originalaquarells.

4 Inzwischen bereitet der Drucker das Sieb vor. Die Siebunterseite wird maskiert, damit keine Farbflecken auf den Papierrand spritzen können, falls sich der Siebfüller während des Druckvorgangs teilweise ablöst.

5 Zu Beginn rakelt der Drucker nicht das ganze Sieb ein, sondern fertigt nur von einem kleinen Ausschnitt einen Probedruck an, um die Farbgebung zu prüfen. Wenn die Tönung nicht stimmt, muß man so nur ein kleines Stück Sieb säubern. *Inset:* Großaufnahme von der Schablonenecke, von der ein Probedruck gemacht wurde.

6 Nach einer letzten Überprüfung der Farbqualität kann die Auflage gedruckt werden.

7 Die Auflage ist relativ hoch – 225 Stück plus Probedrucke –, deswegen arbeitet der Drucker mit einer Einarmrakel. Das ist weniger anstrengend als die Arbeit mit der Handrakel.

7

8

Druckfolge

Bei diesen Andrucken kann man den schrittweisen Farbaufbau beobachten. Gedruckt wurde mit Lasurfarben, um die Leuchtkraft der Farben aus dem Originalaquarell zu erhalten. Mit der ersten Schablone wurden die Mitteltöne gedruckt, um deutliche Anhaltspunkte für die Einrichtung der ganz hellen Farben zu bekommen. Diese sind hier allerdings nicht abgebildet.

ILANA RICHARDSON
Via Cesare Batisti

Der Detailgenauigkeit der Künstlerin ist es zu verdanken, daß der fertige Siebdruck die Atmosphäre und das Licht des Originals getreu widerspiegelt.

GERASTERTE KOPIERVORLAGEN

Um eine Halbtonfotografie in druckbare Bilder für Zeitungen, Zeitschriften und Bücher umzusetzen, benötigt man ein Raster. Die Illusion der Farbabstufung erreicht man durch Zerlegen des Bildes in ein regelmäßiges Punktmuster, wobei die Punktdichte in einem vorgegebenen Bereich den Tonwert bestimmt. Ein Rasterdia erhält man dadurch, daß man zwischen das Originalnegativ und den Film, auf den das Bild übertragen werden soll, ein fotomechanisches Raster schiebt. Das Bildraster, das vollkommen staubfrei sein muß, wird direkt am Film angebracht, wobei Emulsion auf Emulsion zu liegen kommt. Obwohl die Verwendung von Rastern bei limitierten Auflagen in manchen Ländern durch den Gesetzgeber eingeschränkt ist, haben bekannte Künstler diese Methode erfolgreich für Siebdrucke eingesetzt. Andy Warhol etwa hat mit Absicht auf die Verwendung von Rasterbildern bei seinen Siebdrucken aufmerksam gemacht, indem er sehr große Punkte wählte. Auch andere Künstler, wie R.B. Kitaj, Ben Johnson und Jack Miller haben mit Rasterdruck gearbeitet.

BEN JOHNSON
IBM – Verglaste Arkade

Der Künstler hat bei diesem Bild sowohl ein konventionelles Bildraster für die Vierfarbtrennung verwendet als auch ein unregelmäßiges Punktraster, das er mit einem 0,25-mm-Rapidographen selbst verfertigt hat.

JACK MILLER
Santa Monica Juice

Der Druck besteht aus einer Vierfarbtrennung
von einem 36-mm-Dia mit zusätzlichen
handgefertigten Schablonen, wozu auch das
Perlmuttrosa für das Auto gehört.

MEZZOTINTO-FOTOPOSITIVE

Ähnlich wie bei Rastern werden auch beim Mezzotinto-Verfahren Halbtonbilder in Bilder mit Farbabstufungen zerlegt, die dann gedruckt werden können. Das Mezzotinto-Punktmuster auf dem Positiv ist allerdings unregelmäßig. Für dieses Verfahren gibt es, ebenso wie beim Rastern, industriell gefertigte Bildraster in sehr vielen verschiedenen Strukturen. Da die Mezzotintopunkte jedoch unregelmäßig sind, kann man sie auch von Hand herstellen, indem man mit der Spritzpistole direkt auf den Film sprüht. Auch mit einem Raster hergestellte Bilder lassen sich mit dem Airbrush umarbeiten. Eine weitere Möglichkeit beim Mezzotinto-Verfahren besteht in der Vergrößerung der Körnung eines Fotofilms. Diese Methode liegt den Bildern von Ben Johnson, Harry Thubron und Sylvia Edwards auf dieser Doppelseite zugrunde.

BEN JOHNSON
Griechisches Fenster

Dieses Bild entstand von einem Dia. Es wurde auf körnigen Schwarzweiß-Negativfilm vergrößert und dieser wiederum so entwickelt, daß die Körnung noch deutlicher hervortrat. Farbe kam durch handgefertigte Schablonen hinzu.

HARRY THUBRON
Jakob

Jedes Element ist hier einzeln fotografiert und die Farbtrennung von Hand hergestellt worden. Anschließend wurde die Körnung des Films für das Mezzotinto-Verfahren vergrößert.

SYLVIA EDWARDS
Heim für Lebewesen

Für den Wasserfarbencharakter dieses Bildes
wurde zwischen Film und Original ein fertiges
Mezzotinto-Bildraster geschoben. Die Farben
wurden mit handgefertigten Schablonen
hinzugefügt.

FOTOGRAFISCHE MONTAGEN

Es gibt viele Möglichkeiten, fotografische Elemente zu einem neuen Bild zusammenzusetzen, das dann Ausgangspunkt für eine Fotoschablone wird. Einzelne Elemente fotomechanisch hergestellter Drucke können zu einem neuen Kunstwerk montiert werden, das wiederum fotografiert wird. *Auf der Durchreise* von Boyd und Evans ist ein Beispiel für diese Technik. Die fotografischen Elemente können auch genausogut verschiedenen Dias entnommen und so miteinander verbunden werden, daß die Übergänge in dem neuen Bild nicht sichtbar sind. Diese Technik bezeichnet man als Fotomontage. Beispiele hierfür sind *Frolics Motel* und *Sunset Cadillac* von Jack Miller.

JACK MILROY
Blumen

Für diesen Druck hat der Künstler verschiedene ungleiche Elemente zusammenmontiert: einige Holzmaserungen, ein Stück Tapete und einen Fotodruck. Diese wurden einzeln fotografiert und dann für den Siebdruck miteinander verbunden. Die Verwendung von Hochglanzdruckfarbe verleiht dem Bild den letzten Schliff.

JACK MILLER
Frolics Motel

Einzelne Elemente verschiedener Dias wurden in einem Fotoatelier zu einem einzigen Farbdia miteinander kombiniert, von dem dann dieser Siebdruck hergestellt wurde.

BOYD UND EVANS
Auf der Durchreise

Eine Fotomontage aus zusammengesetzten fotografischen Elementen mit einer Farbtrennung im Vordergrund. Der Himmel wurde im Irisdruck gestaltet, zudem gibt es Bereiche, für die die Schablonen von Hand gefertigt wurden.

KONSTRUIERTE OBJEKTE

Fotografien haben den Vorteil, daß man ursprünglich dreidimensionale Gegenstände auf ein zweidimensionales Negativ reduzieren und dieses über Strich- oder Rasterverfahren in einen Druck integrieren kann. Als Beispiel dafür dient der Druck *Papierrosen* von Patrick Hughes, bei dem die Rosenfülle dadurch entstand, daß man einen großen hölzernen Körper mit Hunderten von Plastikblumen bedeckte. Diese wurden auf Diafilm fotografiert und ein Farbauszug hergestellt, so daß die bunten Blumen nun in Rotschattierungen erscheinen.

PATRICK HUGHES
Papierrosen

Der Reiz dieses Bildes liegt in dem Widerspruch zwischen der Dreidimensionalität der Rosen und ihrer grafisch-zweidimensionalen Umgebung. Dazu wurden Hunderte von Plastikrosen auf einem hölzernen Körper befestigt und fotografiert. Von der Farbe wurde ein Auszug hergestellt und in verschiedenen Rottönen gedruckt.

PATRICK HUGHES
Sternenstaub

Nach der gleichen Idee wurde auch dieses Bild gestaltet. Diesmal wurden Hunderte von Sternen vor dem Fotografieren an einem schwarzen Körper befestigt – das Ergebnis ist die perfekte Perspektive der Sterne auf der in den Hintergrund zurücktretenden Oberfläche.

EXPERIMENTE

Die Dunkelkammer bietet zahlreiche Möglichkeiten für fotografische Experimente. Beispielsweise lassen sich mit Chemikalien Filmstrukturen verändern, oder man führt weitere Belichtungen mit zusätzlichen Bildern oder Filtern durch. Auch die Negative und Dias lassen sich durch Einzeichnen oder Abkratzen verändern.

COZETTE DE CHARMOY
Fünf Reliquien
(aus einer Serie von fünf Drucken)

Die Erstellung von Siebdrucken mit Hilfe der Fotografie eröffnet eine Vielzahl von Experimentiermöglichkeiten. In diesem Fall kombinierte die Künstlerin verschiedene fotografische Techniken: Mezzotinto-Verfahren, Farbtrennung mit abgetönten Farben für den Vordergrund, ein feines Raster für die Fotografie, bei der über den oberen Teil mit Hochglanz gedruckt wurde, und ein konventionelles Strichbild ganz oben.

Teil Sechs

DER FERTIGE DRUCK

Nachdem der gestalterische Prozeß und der Druckvorgang abgeschlossen sind, muß sich der Künstler der Veredelung und dem Signieren seines Werkes zuwenden und sich auch mit der alles überschattenden Frage nach Preis und Verkaufsmöglichkeit seiner Arbeit beschäftigen.

Veredelungstechniken

S obald der Auflagendruck beendet ist, gilt es zu bedenken, ob und wenn ja, welche Veredelung man vornehmen möchte. Eine ganze Reihe der dabei möglichen Techniken lassen sich zuhause oder in einer schulischen Druckwerkstatt durchführen, für andere wiederum benötigt man die Ausrüstung eines professionellen Ateliers oder eines druckveredelnden Betriebs. In den meisten Veredelungsmaterialien für Siebdruck ist ein Klebstoff enthalten. In einem letzten Druckvorgang wird dieses Material aufgetragen. Anschließend läßt sich der Druck beflocken, mit Blattgold oder Glitzerteilchen verzieren oder zu einer Collage verarbeiten.

BEFLOCKEN

Um ein Bild zu beflocken wird Leim durch eine Schablone auf Alkoholbasis gedruckt. Solange der Leim feucht ist, trägt man mit einer Spritzpistole eine Unzahl winziger Fasern auf. Für die Beflockung verwendet man kurze, ganz exakt geschnittene Nylonfasern. Sie sind in vielen verschiedenen Farben und Längen zwischen 0,5 bis 4 mm erhältlich. Aus dem Vorratsbehälter an der Pistole gelangen die Fasern über ein Metallgitter, das sie elektrostatisch auflädt, auf das Bild. Durch die Ladung verankern sie sich automatisch senkrecht im Leim. Der Druck erhält dadurch einen teppichähnlichen Flor.

BLATTGOLD

Auch Blattgold kann man mit Druckleim oder Goldkleister durch Schablonen auftragen. Blattgold – sowohl reines Gold wie auch eine billigere Legierung – wird in 15 × 15 cm großen Bögen hergestellt, die so dünn sind, daß ein Kubikzentimeter dieses Materials ausgerollt der Größe eines Fußballfeldes entsprechen würde. Allein durch starkes Pusten gegen einen Bogen kann er beschädigt werden. Das Blattgold wird mit einem weichen Pinsel aufgetragen und anschließend poliert. Dann druckt man durch die gleiche Schablone, die für den Goldkleister verwendet wurde, einen versiegelnden Lack, damit das Gold nicht oxidiert und matt wird. Wesentlich einfacher zu handhaben ist Abzieh-Blattgold. Man legt es auf den Goldkleister und entfernt dann das Trägerpapier.

HARUYO
Prinzessin Sakura

Für die besondere Wirkung wurden japanische Pigmente verwendet. Die Gold- und Silberpartien dieses traditionellen japanischen Kimonomusters wurden zusätzlich durch Glitzerfarben hervorgehoben.

DRUCKE MIT GUMMIERTER RÜCKSEITE

Dreidimensionale und Collagendrucke werden verbunden, indem man auf die Rückseite des Drucks das Bild noch einmal mit Leim aufbringt. Wenn ein Bereich normal gedruckt und getrocknet wurde, dreht man das Bild um und druckt auf die Rückseite noch einmal mit Leim. Ist dieser klebrig fest geworden, wird er mit Silikonpapier abgedeckt, damit man das Bild bearbeiten kann. Es kann nun ausgeschnitten und auf einem anderen Druck angebracht werden, indem man das Silikonpapier abzieht und die gummierte Schicht andrückt. Auf diese Art werden dreidimensionale Bilder oder Collagen hergestellt. Mit unterschiedlichen Papier- oder Kartonarten läßt sich die Bildoberfläche strukturieren.

FOLIENPRÄGUNG

Heißfolienprägung mit Gold und Silber verlangt eine besondere Ausrüstung und kann daher nur vom Fachmann durchgeführt werden. Mit der Folienprägung lassen sich auf dem fertigen Druck Spiegeleffekte gestalten – in Amerika ist das sehr beliebt. Das Problem ist, daß dabei viele Drucke durch Passerungenauigkeiten verdorben werden und die Folien oft schwer zum Haften zu bringen sind. Wenn man eine derartige Bearbeitung vorsieht, sollte man die Auflage anderthalb mal so hoch wie eigentlich vorgesehen ansetzen, damit man genug Spielraum für Ausschuß hat.

PRÄGEN

Prägen ist die Technik, mit der man Reliefmuster in die Papierober-fläche hineindrückt oder aus ihr herausholt. Damit läßt sich der

Prägen von Hand
Die erhabene Form wird unter dem Bild mit doppelseitigem Klebeband festgehalten. Mit dem Prägewerkzeug fährt man die Form nach (*oben*). Hier sieht man den fertig geprägten Rand (*links*).

Sylvia Edwards

Rand eines Drucks sehr wirkungsvoll hervorheben, wenn das Bild selbst eine unregelmäßige Kante hat. Die Prägearbeit kann man relativ einfach zu Hause durchführen. Man schneidet sich aus dünnem Plastik oder aus Karton die Prägeform aus und klebt sie auf den Zeichen- oder Leuchttisch. Soll das Bild eingedrückt werden, muß die Form positiv sein, soll es herausgehoben werden, benötigt man ein Negativ. Die Einrichtung erfolgt genau wie beim Drucken mit Passermarken (*siehe S. 64*), doch liegt der Druck hierbei mit der Bildseite nach unten. Das Prägen selbst wird sorgfältig mit einem Prägewerkzeug aus Knochen oder glattem Metall von Hand ausgeführt. Man fährt um die erhabene Form herum und drückt dabei das Papier ein. Die Tiefe des geprägten Bildes hängt von seiner Kontur ab. Winkel und Ecken sollten nicht tiefer als 1 mm geprägt werden; Bögen und weiche Kanten können bis zu 3 mm tief gehen.

MANUELLE VEREDELUNG

Einer limitierten, aber auch einer unlimitierten Auflage kann der Künstler den Charakter von Unikaten verleihen, indem er jedes Bild noch von Hand bearbeitet. Unter Verwendung von Papierschablonen und Passermarken kann beispielsweise noch auf jeden Druck Farbe gemalt oder gesprüht werden. Der Künstler kann aber auch ganz frei arbeiten und den Druck bemalen oder mit Abklatschtechnik die Oberflächen verändern.

Wenn man mit Öl- oder Wachskreiden direkt auf das Sieb zeichnet, können viele Farbbereiche gleichzeitig gedruckt werden (ähnlich wie bei den Farben auf einer Radierplatte), indem man das Sieb entweder mit einer transparenten Grundierung oder Lasurfarbe bestreicht und diese durch das Gewebe rakelt. Von jedem Farbauftrag mit Kreide können eine ganze Reihe Abzüge hergestellt werden, von denen allerdings jeder etwas blasser als der vorhergehende ausfällt.

CHRIS BATTYE
Dinner Party

Bei diesem Druck wurde die Oxidationsfarbe
sechsmal aufgetragen, um den Hochglanzeffekt
zu erhalten.

Signieren

ach dem Drucken und Veredeln sind die nächsten Schritte die Qualitätskontrolle, das Säubern und schließlich das Signieren der Auflage.

QUALITÄTSKONTROLLE

Die Qualitätsüberprüfung der Drucke kann recht deprimierend sein; denn immer gibt es kleine Fehler, wie Flecken oder Fingerabdrücke am Papierrand, die während des Druckens entstanden sind und nun ins Auge fallen. Von geleimtem oder glattem Papier lassen sich diese Flecken ziemlich einfach entfernen, schwieriger wird es schon bei strukturiertem oder beschichtetem Papier. Die beste Methode Flecken zu entfernen besteht darin, vorsichtig durchsichtiges Klebeband daraufzukleben und die Farbe dann mit dem Band vom Papier abzuheben. Beschädigungen im Papier repariert man, indem man mit einem sauberen Metallwerkzeug glättend darüber fährt. Größere Flecken werden mit sauberem feinem Schmirgelpapier entfernt und die Flächen anschließend wieder geglättet.

Mit einem ›Zauberkissen‹ erhalten Drucke, die schon durch ein paar Hände gegangen sind, wieder ihr ursprüngliches Aussehen. Das Zauberkissen besteht aus einem Baumwollbeutel, der mit pulverisiertem Harz gefüllt ist. Man reibt damit über das Bild, und alle Staub- und Schmutzspuren werden entfernt. Zum Entfernen einer falschen Zählung oder Titelschreibung sollte man nur Knetradierer verwenden.

Fleckentfernung mit Klebeband
Farbflecken auf dem Papier entfernt man am besten mit transparentem Klebeband. Man legt das Band vorsichtig auf und zieht es wieder ab. Im günstigsten Fall geht der Fleck gleich mit ab. Andernfalls wiederholt man den Vorgang mit einem neuen Stück Klebeband. Wenn das immer noch nicht genügt, drückt man das Klebeband mit einem Bleistift etwas fester an, bevor man es wieder abzieht.

Fleckentfernung mit einem Knetradierer
Ein Knetradierer kann in jede beliebige Form gebracht werden. Er ist weich, und man kann mit ihm Schmutzflecken und Fingerabdrücke vom Druckrand entfernen. Bei vorsichtiger Behandlung wird das Papier dabei überhaupt nicht beschädigt. Sollte das dennoch der Fall sein, glättet man es mit einem sauberen Instrument aus Edelstahl.

Signieren, Betiteln und Numerieren
Der abgebildete Ausschnitt von Chloë Cheese' Werk *Gelbe Schüssel* zeigt, wie ein Druck normalerweise signiert, betitelt und numeriert wird. Die Künstlerin hat ihren Namen mit Bleistift rechts unter das Bild gesetzt, den Titel in die Mitte; die Numerierung steht normalerweise links. In diesem Fall ist der Druck als A. P. (Artist's Proof, die englische Bezeichnung für den Künstlerdruck) gekennzeichnet. Die Numerierung der eigentlichen Auflage würde als Bruch erscheinen (beispielsweise 5/25, das heißt der fünfte Abzug einer Auflage von 25).

DAS SIGNIEREN VON DRUCKEN

Der Künstler sollte bereits bei der Einrichtung des Bildes auf dem Papier bedenken, wo und auf welche Art er signieren möchte (die Größe der Handschrift usw.). Für gewöhnlich ist der untere Rand etwas breiter als der obere und die seitlichen. Das Signieren, Betiteln und Numerieren geschieht im allgemeinen am unteren Rand. Man sollte also bei der Einrichtung des Drucks eine Textzeile mit einkalkulieren. Es gibt noch einen anderen Grund, das Druckbild auf dem Papier etwas nach oben zu versetzen. Ein genau zentriertes Bild, das an der Wand hängt, sieht nämlich aus der Perspektive des Betrachters immer so aus, als ob es nach unten verschoben sei.

Auf Seite 16 wurde bereits kurz erwähnt, welche Bedeutung dem Signieren und Numerieren zukommt. Es gibt eine Reihe von Gepflogenheiten hinsichtlich der äußeren Form, die man zwar für sich ignorieren kann, aber beachten muß, wenn die Drucke in Länder mit strengen Einfuhrbestimmungen und Gesetzesverordnungen verkauft werden sollen. So ist es beispielsweise üblich, daß der Anteil an Künstlerdrucken in einer Auflage zehn Prozent nicht überschreitet und daß diese gesondert numeriert werden. (Normalerweise numeriert man sie mit römischen Zahlen und versieht sie mit dem Zusatz E. A., die Abkürzung für das französische Epreuve d'artiste, Künstlerdruck.) Alle zusätzlichen Drucke sollten eine Widmung tragen, damit man erkennt, daß sie nicht zur Auflage gehören. Auf einem eventuell ausgestellten Echtheitszertifikat müssen sie aber erwähnt werden.

Als Versuchsdrucke bezeichnet man die für die Entwicklung des Bildes notwendigen Abzüge, die sich noch vom endgültigen Auflagendruck unterscheiden. Sammler ziehen sie manchmal dem Auflagendruck vor. Normalerweise erhält der Drucker oder das Atelier einen Abzug. Ob dieser signiert wird oder nicht entscheidet der Künstler üblicherweise vor Druckbeginn.

Numeriert wird ein Druck im allgemeinen links unten, der Titel kommt in die Mitte und die Signatur des Künstlers an die rechte untere Ecke. Von einer Datierung kommt man immer mehr ab, da viele Händler ungern Drucke vom Vorjahr ausstellen. Leider läßt sich so die Entwicklung eines Künstlers kaum mehr verfolgen.

Der Verkauf

Beim Preis eines Drucks spielt eine Reihe von Faktoren eine Rolle, nicht zuletzt der Bekanntheitsgrad des Künstlers. Der Händlerpreis errechnet sich allerdings zumeist nach der Formel: Druckkosten plus Künstlerhonorar mal vier (für Europa) bzw. mal sechs (für die Vereinigten Staaten). Sollte der Künstler dann der Meinung sein, dieser Preis stehe in keinem Verhältnis zu anderen Drucken entsprechender Qualität, müssen Druckkosten und Honorar entsprechend neu kalkuliert werden. Ein Beispiel: Angenommen, ein Druck kostet in der Herstellung 20 DM pro Stück und der Künstler möchte ein Honorar von 30 DM, zusammen also 50 DM. Der Händlerpreis würde dann einschließlich der Kosten für den Grossisten und die Galerie bei mindestens 200 DM liegen. Wenn die Arbeiten des Künstlers jedoch normalerweise nur 100 DM erzielen, dann sollten Herstellung und Honorar zusammen 25 DM nicht überschreiten.

GALERIEN

Der Verkauf eines Drucks birgt zahlreiche Klippen. Der Künstler wendet sich zunächst an eine Galerie, die Werke seiner Art ausstellt. Es wäre Zeit- und Energieverschwendung, einer Galerie, die sich auf Jagddrucke aus dem 19. Jahrhundert spezialisiert hat, abstrakte Bilder anzubieten.

Hat man eine Liste der geeigneten Galerien zusammengestellt, gilt es als nächstes, einen direkten Kontakt herzustellen. Dabei sollte man nicht vergessen, daß Galerien pro Woche durchschnittlich zehn bis zwanzig unaufgeforderte Bewerbungen bekommen. Sie betreiben ein Geschäft, und entsprechend professionell muß man bei ihnen auftreten. Am besten macht man schriftlich oder telefonisch einen Termin aus. Dabei ist es durchaus üblich, daß die Galeristen erst ein paar Dias sehen wollen, bevor sie eine Verabredung treffen. Man sollte sie daraufhin nicht mit einer Flut von Bildern überhäufen – sechs bis acht Aufnahmen der neuesten Werke sind genug. Zu einem Gespräch nimmt man sinnvollerweise nur solche Drucke mit, die zum Verkauf bestimmt sind, und auch davon nicht zu viele. Zehn oder zwanzig Farbvariationen ein und desselben Bildes erzeugen nur Langeweile!

Manche Künstler glauben, daß die Galerien einen zu hohen Anteil verlangen (normal sind 40 % bis 60 % des Verkaufspreises). Dabei sollte man allerdings zuerst im Einzelfall eruieren, wieviel die Galerie bereit ist, in die einheimische und ausländische Werbung, in die Marktpflege und in zukünftige Veröffentlichungen zu investieren.

VERKAUF IN KOMMISSION

Viele Galerien nehmen Werke nur in Kommission an. Unbekanntere Künstler haben leider meist keine andere Wahl, als diese Bedingung zu akzeptieren. In diesem Fall sollte man – möglichst schriftlich – festlegen, daß 1. die Drucke in demselben Zustand zurückgegeben werden, wie man sie abgeliefert hat, 2. die Kommission auf eine bestimmte Zeit befristet ist und 3. die Provision der Galerie wesentlich niedriger liegt als bei einem gekauften Werk.

Bei der Lagerung ist darauf zu achten, daß die Drucke flach liegen und voneinander jeweils durch einen Bogen säurefreies Seidenpapier getrennt sind. Am besten bewahrt man sie in Plastikhüllen auf, um sie vor Staub und Feuchtigkeit zu schützen.

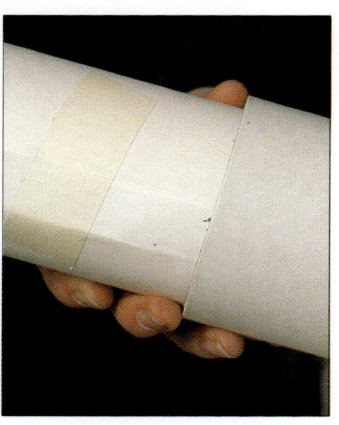

Sorgfältige Behandlung
Am besten bewahrt man Drucke flach liegend mit Trennblättern aus säurefreiem Seidenpapier auf (*links außen*). Bei einer längeren Aufbewahrung sind sie gegen Staub und Feuchtigkeit am besten in Plastikhüllen geschützt. Für den Postversand rollt man den Druck mit der Bildseite nach außen in einen Bogen säurefreies Seidenpapier und hält ihn mit einem Stück leicht ablösbarem Abdeckband zusammen (*oben*). Die Rolle schiebt man vorsichtig in eine feste Papphülse (*links*).

BERYL COOK
Russisches Teehaus

Diesen Druck schuf der Künstler mit Hilfe von
fotografischen und handgefertigten Schablonen
nach einem Gemälde. Er überwachte persönlich
jeden einzelnen Produktionsschritt.

Rahmen

Unter Umständen muß ein Künstler seine Drucke auch selbst rahmen. Die Wahl des Rahmens, das Aufziehen und Einrichten des Bildes sind sehr wesentlich für den Eindruck, den es beim Betrachter hinterläßt. Der Rahmen kann das Bild vorteilhaft zur Geltung bringen oder eher ablenkend wirken.

Bei einem Druck wird das Papierformat für gewöhnlich ganz bewußt so ausgewählt, daß das fertige Bild mit einem Rand versehen ist, den man um eines Rahmens willen nicht mehr zurechtschneiden sollte. Dies spricht allerdings nicht gegen ein Passepartout oder eine Goldverzierung auf diesem Rand, sondern legt nur das Mindestmaß für den Rahmen fest.

Dieser sollte immer etwas größer sein als der Druck, damit sich das Papier je nach Luftfeuchtigkeit ausdehnen und zusammenziehen kann.

Wenn das Papier zu knapp eingefaßt ist, wirft es bei der Ausdehnung Falten. Aus diesem Grund sind Rahmen, deren Rückwand mit Federklammern befestigt ist, festverklebten oder verkeilten Rahmen vorzuziehen. Die Rahmenrückseite muß aus säurefreiem Karton sein.

Siebdrucke sollte man immer hinter Glas rahmen. Das Glas schützt das Papier vor Verschmutzung und hält außerdem die UV-Strahlen etwas ab, durch die die Farben ausbleichen können. Fensterglas von 3 bis 4 mm Dicke ist ausreichend für Drucke bis zu 75 × 100 cm. Für größere Drucke nimmt man besser antistatisches Plexiglas, denn eine große Glasscheibe kann bei Spannung brechen und dabei den Druck beschädigen. Für Rahmen gibt es zwei verschiedene Glasarten: klares Fensterglas und entspiegeltes Glas mit leicht mattierter Oberfläche, die zwar Spiegelungen abhält, aber auch den Farben des Bildes etwas von ihrer Leuchtkraft nimmt. Ein sorgfältig getrockneter Druck nimmt bei direkter Berührung mit dem Rahmenglas keinen Schaden. Es ist daher lediglich eine Frage der Ästhetik, ob man ein Passepartout verwendet oder nicht.

Passepartouts oder Goldränder dienen in jedem Fall nur zur Ergänzung; sie dürfen den Druck nicht ›erschlagen‹. Zuviele oder unpassende Verzierungen auf dem Passepartout verringern die Wirkung des Bildes. Es gilt auch zu bedenken, daß ein farbiges Passepartout die Farben des Bildes beeinflußt und seine Größe das Bild nicht dominieren darf. Passepartouts sollten aus säurefreiem Karton hergestellt werden.

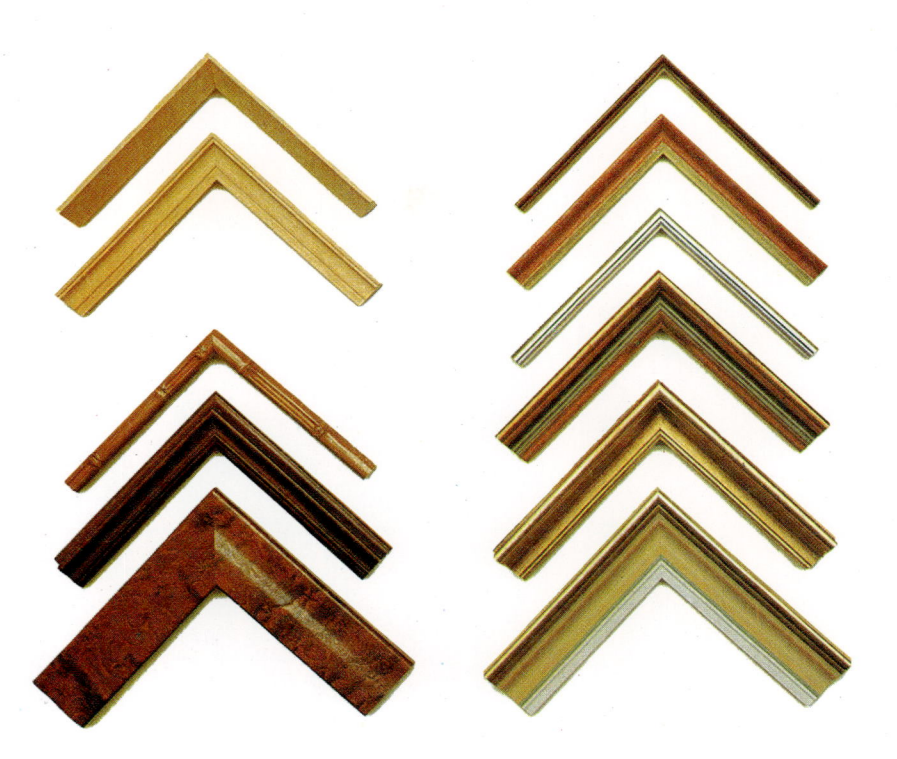

Rahmenprofile
Die Bandbreite an Rahmenprofilen ist sehr groß. Am weitesten verbreitet sind Profile aus Metall oder lackiertem, gebeiztem oder vergoldetem Holz. Die Auswahl ist letztlich eine Geschmacksfrage. Größe, Farbe und Stil des Profils müssen jedoch zu Bild und Passepartout passen.

Passepartouts für Drucke

Dieser zarte Siebdruck mit Japanern, die in einem Garten spazierengehen, wurde mit verschiedenfarbigen Passepartouts versehen. Dabei ist es interessant zu beobachten, wie sich die einzelnen Passepartouts auf die Ausstrahlung des Bildes und die Farbharmonie auswirken. Das blaue Passepartout verstärkt beispielsweise das Blau im Bild; diese Farbe dominiert dadurch die Gesamtkomposition. Die Passepartoutgröße erschlägt den Druck nicht. Beachtenswert ist, daß der Druck nicht genau in der Mitte des Passepartouts sitzt. Dadurch wirkt man der optischen Verkürzung entgegen, die auftritt, wenn das gerahmte Bild an der Wand hängt.

Glossar

Abdeckmittel
Das Material, das beim Siebdruck die Schablone bildet, zum Beispiel Papier, Schneidefilm, Siebfüller oder ähnliches.

Absprunghöhe
Damit bezeichnet man den kleinen Abstand zwischen Drucktisch und Sieb. Der Rakeldruck bringt die beiden vorübergehend in Kontakt. Hinter der Rakel schnellt das Sieb wieder hoch. Je geringer sie ist, desto präziser und feiner kann gedruckt werden.

Auflage
Die Gesamtzahl von Drucken nach der gleichen Schablone, ausgenommen Probe- und Künstlerdrucke.

Auflagendruck
Das Drucken der erforderlichen Anzahl von Abzügen, die eine Auflage ergeben sollen.

Bedruckstoff
Das Material, auf das ein Druckbild aufgebracht wird.

Bespannen
Die Befestigung des Siebgewebes am Rahmen. Korrekte und gleichmäßige Spannung des Siebs ist entscheidend für die Druckqualität. Rahmen, die mit mechanischen Spezialgeräten bespannt wurden, liefern daher in aller Regel deutlich bessere Ergebnisse als von Hand bespannte.

Druckbasis
Die Oberfläche des Drucktisches, auf den die Druckunterlage gelegt wird.

Druckfolge
Bezeichnung für die festgelegte Reihenfolge der Farbauszüge beim Mehrfarbendruck.

Druckseite
Die Siebfläche, die während des Druckvorgangs mit dem Bedruckstoff in Verbindung ist. Auf ihr wird die Schablone angebracht.

Einrichtung
Das exakte Ausrichten von Sieb, Schablone und Bedruckstoff aufeinander. Sie dient der Vermeidung von ungewollten Über- oder Unterschneidungen (Passerdifferenzen), die das fertige Bild beeinträchtigen würden.

Einzeldruck
Ein einmaliger, einzigartiger und nicht zu wiederholender Druck (Unikat).

Fadenzahl
Die Maßeinheit, mit der die Feinheit des Gewebes angegeben wird. Sie bezeichnet die Anzahl der Fäden pro Zentimeter.

Fluten
Das Verteilen einer dünnen Farbschicht auf dem Sieb bei angehobenem Siebrahmen. Offene Stellen der Schablone werden dabei mit Farbe gefüllt. Wenn das Sieb auf die Druckfläche heruntergelassen wird, preßt man mit der Rakel die Farbschicht durch das Gewebe auf den Bedruckstoff.

Fotodia
Eine fotografisch hergestellte Kopiervorlage auf transparenter Folie.

Fotoschablone
Eine fotomechanisch hergestellte Schablone. Dabei belichtet man die lichtempfindliche Schablonenschicht durch eine lichtundurchlässige Kopiervorlage. Die abgedeckten Partien der Emulsion härten nicht aus und können beim Entwickeln ausgewaschen werden. Sie bilden die offenen Partien der Schablone.

Handdia
Eine von Hand hergestellte Kopiervorlage auf transparenter Folie.

Irisdruck
Bezeichnung für eine Technik, bei der zwei oder mehr Farben auf das Sieb gegeben und mit der Rakel leicht vermischt werden. So entsteht schon vor dem Druckvorgang ein sanfter Farbübergang.

Kopierschicht
Bezeichnung für die lichtempfindliche Schablonenschicht einer Fotoschablone.

Künstlerdruck
Bezeichnung für Drucke, die zusätzlich zur eigentlichen Auflage für den Eigenbedarf des Künstlers angefertigt werden. Sie werden auf dem jeweiligen Blatt mit ›E.A.‹ (frz. Epreuve d'artiste) gekennzeichnet.

Lichtechtheit
Der Ausdruck beschreibt die Eigenschaft von in Druckfarben enthaltenen Pigmenten, auch unter längerer Lichteinwirkung nicht zu verblassen.

Limitierte Auflage
Eine Druckauflage, die auf eine bestimmte Höhe begrenzt ist, wobei jeder einzelne Druck vom Künstler signiert und numeriert wird. Nach dem Druck einer limitierten Auflage werden Schablonen und Positive vernichtet, damit keine weiteren Abzüge gemacht werden können.

Lithotusche
Eine fettige Lithographiefarbe, mit der man direkt auf das Sieb malen kann. Sie findet bei der Tusche-Leim-Auswaschschablone Anwendung.

Mezzotinto
Eine Technik um ein Halbtonbild ähnlich wie beim Rastern in eine Kopiervorlage umzusetzen. Die Körnung ist beim Mezzotinto-Verfahren allerdings unregelmäßig (nicht zu verwechseln mit einer Technik im Tiefdruck, die ebenfalls Mezzotinto heißt).

Moiré
Störende Musterbildung im Druckbild, die durch Überlagerung verschiedener Raster entstehen kann. Beim Siebdruck können sie außerdem aus der Überlagerung von gerasterter Schablone und Gewebestruktur entstehen. Abhilfe läßt sich schaffen, indem man die verschiedenen Raster jeweils in einem bestimmten Winkel zueinander anbringt.

Negativ
Ein Bild, daß in seinen Farbwerten die genaue Umkehrung des positiven Originals zeigt. Bei einem Fotomotiv erscheinen beispielsweise die dunklen Partien des Motivs hell und die hellen dunkel.

Passerdifferenz
Ungewolltes Über- oder Unterschneiden von Farben im Druck, die auf ungenaue Einrichtung zurückzuführen sind.

Probedruck
Ein Druck, der in jeder beliebigen Phase des Druckvorgangs gemacht werden kann, um zu überprüfen, ob die beabsichtigte Wirkung erzielt wurde.

Rakel

Das Werkzeug, mit dem die Farbe auf dem Sieb verteilt und in einer gleichmäßigen Schicht durch das Gewebe gepreßt wird. Es besteht aus einem Blatt, das in einen Griff eingelassen ist. Es gibt drei verschiedene Arten: Handrakel, Mehrblattrakel und Einarmrakel.

Rakelseite

Die Siebfläche, die die Farbe trägt und über die die Rakel gezogen wird. An den Seiten bleibt Platz für überschüssige Farbe.

Raster

Wie bei den meisten Druckverfahren kann man auch beim Siebdruck eigentlich Farben nur rein, das heißt ohne Schattierungen, drucken. Fotografiert man ein Bild durch ein Raster, das aus einem Netzwerk von Linien besteht, werden Halbtöne und Farbabstufungen einer Lavierung oder eines Fotodrucks in eine Punktmatrix umgesetzt. Die Anzahl von Punkten in einem bestimmten Bereich legt Helligkeit oder Dunkelheit bzw. Farbton einer Schattierung fest. Bei der Rasterung von Fotografien in Zeitungen kann man diesen Effekt deutlich erkennen.

Schellack

Bezeichnung für die in Spiritus gelöste harzige Absonderung von Schildläusen. Er dient beim Siebdruck dazu, Rahmen und Sieb nach dem Abdecken mit Klebeband wasserfest zu versiegeln. Alternativ kann auch Polyurethanlack verwendet werden.

Serie

Eine Reihe von Drucken, die das gleiche Motiv zeigen, das heißt, die nach derselben Schablone entstanden, aber in verschiedenen Farben ausgeführt sind.

Serigraphie

In den Anfängen des Siebdrucks unterschied man mit diesem Begriff den handgefertigten Kunstdruck von kommerziellen Erzeugnissen.

Siebfüller

Eine Abdeckflüssigkeit, mit der Schablonen umrandet, korrigiert und ausgebessert werden. Ebenso lassen sich damit Schablonen von Hand direkt auf das Sieb malen.

Siebgewebe

Der gewebte Stoff, der über einen Rahmen gespannt wird. Er bildet die Unterlage, auf der die Schablone befestigt wird.

Stege

Anfänglich wurden bei Schablonen, wie man sie etwa für die Beschriftung von Kisten verwendete, lose Teile, beispielsweise das Innere des Buchstabens ›O‹, mit Stegen verbunden. Die Verwendung von gewebten Sieben als Untergrund für Druckschablonen hat die Arbeit mit Stegen überflüssig gemacht.

Stufendruck

Eine Methode, bei der Halbtöne nachgeahmt werden. Das Original wird mehrmals mit unterschiedlichen Belichtungszeiten fotografiert, wodurch jeweils ein anderer Bereich der Farbabstufung erfaßt wird. Jeder dieser Farbauszüge wird in eine Schablone ›übersetzt‹ und gedruckt. Die Illusion wird um so vollständiger, je öfter man diesen Vorgang wiederholt.

Verlaufen

Das Verwischen der Kanten eines Drucks als Folge von Farbe, die unter die Schablonenränder kriecht. Mögliche Ursachen dafür sind: Die Farbe ist zu dünn für die Fadenzahl, das Rakelblatt ist stumpf, der Andruckwinkel zu klein oder der Anpreßdruck während des Druckvorgangs zu hoch.

Vierfarbdruck

Bezeichnung für das gebräuchlichste Druckverfahren zur originalgetreuen Farbwiedergabe von Halbtonbildern. Hierbei werden von einer Vorlage Farbauszüge in Magenta (Rot), Cyan (Blau), Gelb und Schwarz erstellt, die aufgerastert werden und als Kopiervorlagen dienen. Der Zusammendruck der vier Farben läßt die Halbtöne entsprechend der Bildvorlage entstehen.

Zusetzen

Das Verschließen offener Schablonenbereiche durch Farbe, die auf dem Sieb trocknet. Das kann folgende Ursachen haben: Die Farbe ist zu dick, das Sieb zu fein, die Raumtemperatur zu hoch, der Druckvorgang wurde unterbrochen oder ging zu langsam vonstatten.

Siebdruckbedarf: Fach- und Großhandel

Die folgende Adressenliste faßt die Händlernetze der wichtigsten Siebdruck-Farbenhersteller zusammen. Vorangestellt sind Fachhändler, die sich nicht eindeutig als Vertragshändler bestimmter Farbenhersteller ausweisen. Neben dem Vertrieb des jeweiligen Farbenprogramms bietet der Fachhandel in der Regel eine umfangreiche Palette an Siebdruckgeräten und -materialien, Sonderleistungen wie Spann- und Schablonendienst, technische Information, Fachberatung und Einweisung.

4980 Bünde/Westf.: Siebdruck-Service Eickmeyer GmbH, Daimlerstraße 28–32

4000 Düsseldorf 11: Siebdruckbedarf Neuser, Kaarster Weg 1 a

5208 Eitorf: Joh. Gerstäcker Verlag KG, Postfach 349

6106 Erzhausen: Häusler Industrievertretungen/Siebdruckbedarf, Rodenseestraße 30

7800 Freiburg: Albert Tritschler, Friedrichring 25

2000 Hamburg 20: Graphische Union Hermann Twellmeyer, Pinneberger Weg 22/24

2000 Hamburg 54: Peter Hamburger GmbH, Siebdruckbedarf, Jaguarstieg 14

6900 Heidelberg 1: Curt Werner, Plöck 75

6750 Kaiserslautern: Ludwig Fischer (Rhein Graphia), Steinstraße 39

6500 Mainz: Fa. Pauls, Markt 33

4500 Osnabrück: Heintzmanns Farbenkiste, Stubenstraße 4–6

4902 Bad Salzuflen 1: Europa-Siebdruck-Centrum, Borghoff & Wilk GmbH, Heldmanstraße 30

7730 Schwenningen: Siebdruckservice Walter Bartel, Dickenhardtstraße 38

6390 Usingen-Kransberg: AGAMA André Garnier, Am Kurberg 12

Vertragshäuser ›Marabu‹-Siebdruckfarben

5100 Aachen: Gerhard Bock, Feldchen 9

6550 Bad Kreuznach: Geonit GmbH, Riegelgrube 1

5413 Bendorf: Zeichentechnik Nett GmbH, Poststraße 10

1000 Berlin 31: Spitta & Leutz, Hohenzollerndamm 174–177

5300 Bonn: Hans Frintrup, Johanniterstraße 27

4807 Borgholzhausen: Schildmann GmbH, Dr.-W.-Upmeyer-Straße 7

3300 Braunschweig: Jürgen Flachsbart, Gablonzstraße 10

2800 Bremen 1: Karl Konczak GmbH & Co., Bornstraße 65

4600 Dortmund-Wambel: R. Nürenberg GmbH, Koerstraße 1

4300 Essen 1: Ludwig Lockamp, Emilienstraße 8

6000 Frankfurt 90: Heinrich Baumann, Ludwig-Landmann-Straße 389

7800 Freiburg: Schütz Kreativ Material, Günterstalstraße 20

8510 Fürth 18: Schlee Siebdrucktechnik, HandelsGmbH, Vacher Straße 270

5657 Haan 2: Bruno Reinsch KG, Champagne 4

2000 Hamburg 63: Reinhard Kadach, Lademannbogen 31

7500 Karlsruhe 31: Fischer Büro Center, An der Trift 2

3500 Kassel: Hans Höpken GmbH & Co., Lilienthalstraße 1

7121 Löchgau: Gerhard Schefler, Birkenweg 12

8000 München 45: Erich Feucht GmbH & Co., Waldmeisterstraße 76

7000 Stuttgart 1: Steinmann GmbH, Neckarstraße 172

5500 Trier: Schmelzer & Söhne oHG, Neustraße 21–24

8963 Waltenhofen-Hegge: Remigius Schneider KG, Georg-Haindl-Straße 40

Fachhändler ›Pröll‹-Siebdruckfarben

1000 Berlin 46: Klaus Menslin, Handelsvertretung, Edekobener Weg 8

4800 Bielefeld 11 (Sennestadt): Siebdruck-Fachhandel Paul Wilke, Dunlopstraße 46

6072 Dreieich-Buchschlag: Siebdruck Krämer, Am Siebenstein 7

8032 Gräfeling: Berr Siebdruckbedarf GmbH, Lohenstraße 13

2000 Hamburg 26: Fa. F. Huhn & Sohn, Sorbenstraße 53

3000 Hannover 91: Eugen Klinger, Siebdruck-Fachhandel GmbH, Badenstedter Straße 60

6717 Heßheim: Fa. Kurt Barczewski, Frankenthaler Straße 21

4150 Krefeld: Fachhandel für Siebdruck und Werbetechnik, Ulrich Vaneker, Ritterstr. 18–20

8500 Nürnberg: Fa. Reichmann & Buchholz, Komotauer Straße 89

5024 Pulheim 2: Fa. Werner Heinen, Gewerbegebiet Brauweiler, Donatusstraße 157 a

7730 Schwenningen: Fa. Walter Bartel, Dickenhardtstraße 38

7000 Stuttgart 80 (Rohr): Fa. Werner Herbst, Steigstraße 73

5620 Velbert 1: Fa. Heinz Meiß, Industriegebiet Ost, Bessemer Straße 14

8700 Würzburg: J. A. Hofmann Nachfolger, Alfred-Nobel-Straße 8

Fachhändler ›Sericol‹-Siebdruckfarben

4630 Bochum-Werne: R. Gabler, Siebdruckservice, Wallbaumweg 87

3300 Braunschweig-Volkmarode: R. Kirchner, Siebdruckbedarf, Ludolfstraße 1

8000 München 70: Hans Hintermeyer, Siebdruckservice, Windeckstraße 26

6600 Saarbrücken 3: Pistorius Siebdruckservice, Bismarckstraße 6

1000 Berlin 61: Walter Schulze, Boppstraße 10

4000 Düsseldorf 11 (Heerdt): Drucktechnik Koch GmbH, Koppersstraße 11

4830 Gütersloh 11: H. D. Buschkamp, Siebdruckbedarf GmbH, Isselhorster Straße 269

2000 Hamburg 65: Klaus Meyer, Poppenbütteler Bogen 80

3004 Isernhagen 5: Wilhelm Flottmann, Fachgroßhandel für Siebdruckbedarf, Großhorst 7

5067 Kürten: Siebdruckbedarf W. Schmitz GmbH, Offermannsheiderstraße 184

6700 Ludwigshafen/Rhein 1: Thomer GmbH Siebdrucktechnik, Bruchwiesenstraße 19 a

8000 München 40: Raimund Weger KG, Inh. H. + M. Heiler, Blütenstraße 16

8500 Nürnberg 20: J. Trump GmbH, Hohenlohestraße 40

6053 Obertshausen 1: Kroschewski Industrietechnik GmbH, Bieberer Str. 153

7000 Stuttgart 80: Raabe GmbH, Siebdrucktechnik, Handwerkstraße 60

7900 Ulm-Söflingen: Karl Gröner, Riedweg 27

5600 Wuppertal 22: Hermann Schmidtke GmbH & Co., Langerfelder Straße 78

Register

Danksagung

Autor und Verlag möchten folgenden Künstlern, Verlegern und Druckern (in dieser Reihenfolge) für die Erlaubnis danken, die auf den unten genannten Seiten abgebildeten Werke zu verwenden. Wenn kein Drucker genannt ist, entstand die betreffende Arbeit bei Coriander Studios.

Abkürzungen: l = links; r = rechts; o = oben; u = unten

S. 2 Jack Miller/Christie's Contemporary Art & Coriander Studios; S. 9, Haruyo/Colonia Publications; S. 10 l Peter Blake/Metal Box; r Eduardo Paolozzi/Advance Graphics; S. 11 l Joe Tilson/ Marlborough Gallery/Kelpra; r R B Kitaj/Marlborough Gallery/ Kelpra; S. 12 Bruce McLean/ Bernard Jacobson Gallery; S. 13 l Ilana Richardson/CCA Galleries; r Erté © Sevenarts Limited; S. 14 David Hockney, Parade 1981 © David Hockney 1981; S. 16, © Tom Phillips 1989, All Rights Reserved DACS; S. 17 l Erté © Sevenarts Limited & Kane Fine Art; r Brendan Neiland/Coriander Studios & Brendan Neiland/Anderson O'Day & Coriander Studios; S. 18 Lynx tee-shirts; S. 19 Laura Ashley Ltd; S. 22 Katherine Doyle/ John Skzoke; S. 23 Peter Blake/Waddington Graphics/Kelpra; S. 33 Yuriko/Colonia Publications; S. 34 Raymond Spurrier; S. 37 Michael Potter/Michael Potter/Advanced Graphics; S. 49 Terry Wilson/Coriander Studios & Terry Wilson; S. 50 Allen Jones/ Waddington Graphics/Kelpra; S. 51 Ben Johnson/Norman Forster; S. 52 Gerd Winner/Tate Gallery Print Collection/Kelpra; S. 53 o Wendy Taylor/Ionian Bank; u Andrew Holmes/Andrew Holmes; S. 67 Bianca Juarrez/Bianca Juarrez; S. 71 Anthony Benjamin/Sally Sarlott; S. 74 Anita Ford/Anita Ford/Anita Ford; S. 76 Sandra Blow/Quarto Publishing plc, Coriander Studios & Sandra Blow; S. 78 Henri Chopin/Henri Chopin; S. 79 Anita Ford/Anita Ford/ Anita Ford; S. 80 Patrick Hughes/Coriander Studios & Patrick Hughes; S. 83 Patrick Hughes/Quarto Publishing plc, Coriander Studios & Patrick Hughes; S. 84 o Patrick Hughes/Thumb Gallery & Coriander Studios; u Duggie Fields/Coriander Studios & Duggie Fields; S. 85 Ray Wilson/Christie's Contemporary Art; S. 86 Michael Carlo/CCA Galleries/Michael Carlo; S. 89 Bruce McLean/Quarto Publishing plc, Coriander Studios & Bruce McLean; S. 90 Michael Carlo/CCA Galleries/ Michael Carlo; S. 91 Anita Ford/Art for Offices; S. 95 Chloë Cheese/Quarto Publishing plc, Coriander Studios & Chloë Cheese; S. 96 Brad Faine/Christie's Contemporary Art; S. 97 Chloë Cheese/Thumb Gallery & Coriander Studios; S. 98 Norman Stevens/Coriander Studios; S. 101 Norman Stevens/ Pirelli; S. 102 o Adrian George/CCA Galleries; u Tony Ansell/Marketing Week; S. 103 Andrew Holmes/ Andrew Holmes; S. 104 o David Lewis/CCA Galleries; u Adrian George/CCA Galleries; S. 105 Reg Cartwright/ Christie's Contemporary Art; S. 106 o Michael Heindorff/ Bernard Jacobson Gallery; u Brad Faine/Christie's Contemporary Art; S. 107 Michael Heindorff/Bernard Jacobson Gallery; S. 108 o Norman Stevens/Coriander Studios & Christie's Contemporary Art; u Fraser Taylor/Business Art Gallery; S. 110/111 Ivor Abrahams/ Bernard Jacobson & Coriander Studios; S. 112 Brendan Neiland/ Thumb Gallery & Coriander Studios; S. 113 o Ben Johnson/ Coriander Studios & Ben Johnson; u. John Swanson/John Swanson; S. 114 Tim Mara/Tim Mara; S. 119 Ilana Richardson/Quarto Publishing plc, Coriander Studios & Ilana Richardson; S. 120 Ben Johnson/Peter Tonn; S. 121 Jack Miller/David Ringcroft, Coriander Studios & Jack Miller; S. 122 o Ben Johnson/Bernard Jacobson Gallery & Coriander Studios; u Harry Thubron/Coriander Studios; S. 123 Sylvia Edwards/CCA Galleries; S. 124 Jack Milroy/Jack Milroy; S. 125 o Jack Miller/CCA Galleries; u Boyd and Evans/Angela Flowers Gallery & Coriander Studios; S. 126 l Patrick Hughes/Paradox Publications; r Patrick Hughes/CCA Galleries; S. 127 Cozette de Charmoy/Editions Otizec; S. 129 Haruyo/ Colonia Publications; S. 131 Chris Battye/Coriander Studios & Chris Battye; S. 135 Beryl Cook/London Contemporary Art/ Advance Graphics.

Der Autor möchte sich ebenfalls bei den folgenden Personen bedanken, die ihm bei den Vorbereitungen zu diesem Buch geholfen haben.

Ivor Abrahams, Daniel Bentley, Chris Betambeau (Advance Graphics), Peter Blake, Sandra Blow, Nicholas Bravery, Clare Burton, David Case, Chloë Cheese, Mike Cole, Douglas Corker (Kelpra Studio), John Dimmock, Sylvia Edwards, Eric and Sal Estoric, Jerry Ferrell, Stephanie Faine, Bob and Mary Fisher, Matthew Flowers, Georgina Hewitt, Phillip Gibbs, James Holden, Patrick Hughes, Tim Mara, Bruce McLean, John Parmenter, Chris Prater (Kelpra Studio), John Purcell, Ilana Richardson, Frankie Rossi, Tish Seligman, Raymond Spurrier, Jean Stevens, Nick Stuart, Tim Taylor, Lucinda Winstanley.